青少年心理自助文库
完美丛书

坚 持

韦编屡绝铁砚穿

栾 燕/著

> 成大事不在于力量的大小，而在于能
> 坚持多久。
> ——约翰逊

中国出版集团　现代出版社

图书在版编目(CIP)数据

坚持:韦编屡绝铁砚穿 / 栾燕著. —北京 : 现代出版社, 2013.11
(青少年心理自助文库)
ISBN 978-7-5143-1631-5

Ⅰ.①坚… Ⅱ.①栾… Ⅲ.①成功心理–青年读物
②成功心理–少年读物 Ⅳ.①B848.4–49

中国版本图书馆 CIP 数据核字(2013)第 273495 号

作　　者	栾　燕
责任编辑	刘春荣
出版发行	现代出版社
通讯地址	北京市安定门外安华里 504 号
邮政编码	100011
电　　话	010 – 64267325 64245264(传真)
网　　址	www.1980xd.com
电子邮箱	xiandai@ cnpitc. com. cn
印　　刷	北京中振源印务有限公司
开　　本	710mm ×1000mm　1/16
印　　张	14
版　　次	2019 年 4 月第 2 版　2019 年 4 月第 1 次印刷
书　　号	ISBN 978-7-5143-1631-5
定　　价	39.80 元

P 前言
REFACE

为什么当今时代的青少年拥有幸福的生活却依然感觉不幸福、不快乐？又怎样才能彻底摆脱日复一日地身心疲惫？怎样才能活得更真实快乐？越是在喧嚣和困惑的环境中无所适从，我们越是觉得快乐和宁静是何等的难能可贵。其实，正所谓"心安处即自由乡"，善于调节内心是一种拯救自我的能力。当我们能够对自我有清醒认识，对他人能宽容友善，对生活无限热爱的时候，一个拥有强大的心灵力量的你将会更加自信而乐观地面对一切。

青少年是国家的未来和希望。对于青少年的心理健康教育，直接关系着下一代能否健康成长，承担起建设和谐社会的重任。作为家庭、学校和社会，不能仅仅重视文化专业知识的教育，还要注重培养孩子们健康的心态和良好的心理素质，从改进教育方法上来真正关心、爱护和尊重他们。如何正确引导青少年走向健康的心理状态，是家庭、学校和社会的共同责任。心理自助能够帮助青少年解决心理问题，获得自我成长，最重要之处在于它能够激发青少年的自我探索的精神取向。自我探索是对自身的心理状态、思维方式、情绪反应和性格能力等方面的深入觉察。很多科学研究发现，这种觉察和了解本身对于心理问题就具有治疗的作用。此外，通过自我探索，青少年能够看到自己的问题所在，明确在哪些方面需要改善，从而"对症下药"。

好的习惯将使你成为有成就的人，同样，坏的习惯也将使你一生一事无成。所以切不可小看平时一些微不足道的毛病，一旦养成习惯，将成为你前进路上的绊脚石。这就非常需要我们仔细检查一遍自己的习惯。看看哪些是有益的，哪些是有害的，而后，将有害的改为有益的。哪怕一个小小的改

变,假以时日,必能受益无穷。后天的培养铸就了人们强大的习惯,要树立勤奋是光荣的、努力和坚持不懈终会得到好回报的信心,正所谓好习惯结好果,坏习惯酿恶果。

习惯是所有伟人的奴仆,也是所有失败者的帮凶。伟人之所以伟大,得益于习惯的鼎力相助;失败者之所以失败,习惯同样责不可卸。习惯决定命运。但我们应该明白,习惯不是与生俱来的,它是我们在后天的行为活动中逐步形成的。只有在正确道德意志的驱使下,才能形成良好的习惯。捡起别人忽略的纸屑,扔掉马路上的砖瓦,按时归还借来的东西,学会整理自己的学习用具,学会独立处理自己的事情……这些都需要我们在日复一日的学习与生活当中逐步养成。

所有成功人士都有一个共性,那就是,基于良好习惯构造的日常行为规律。各个领域中的杰出人士——成功的运动员、律师、政客、医生、企业家、音乐家、教育家、销售员,以及其他专业领域中的佼佼者,在他们的身上都有一个共性,那就是良好的习惯。正是这些好习惯,帮助他们开发出更多的与生俱来的潜能。正因为习惯的力量是如此之大,所以我们要养成良好的习惯以有助于成功。

本丛书从心理问题的普遍性着手,分别描述了性格、情绪、压力、意志、人际交往、异常行为等方面容易出现的一些心理问题,并提出了具体实用的应对策略,以帮助青少年读者驱散心灵的阴霾,科学调适身心,实现心理自助。

本丛书是你化解烦恼的心灵修养课,可以给你增加快乐的心理自助术;本丛书会让你认识到:掌控心理,方能掌控世界;改变自己,才能改变一切;本丛书还将告诉你:只有实现积极心理自助,才能收获快乐人生。

C目 录
ONTENTS

第三篇　坚持不懈，方见成功

第四篇　全力以赴，终有所成

第八篇　坚持原则,肯定自己

第一篇 >>>

坚持信念，培养意志

取得伟大成功的人，最令人瞩目的特质是：无论他们怎么忙碌，无论他们身处何境，他们都不会放弃自己的信念，都能执着而从容地完成复杂艰难的工作，就像芭蕾舞者令人屏息的、美丽娴熟的舞艺，这是经年累月修炼而来的能力。因此只有抱着一往无前的精神和必胜的信念，竭尽全力做好每一件事情，才可能到达卓越的巅峰。

经历失败愈多的英雄愈有韧力。有多大的胸怀就有多大的气势。命运不会怜悯向它低头的人。人只有站在山峰上的时候，才能看到远处那众多的高峰。

永远保持希望

马丁·路德·金有句名言："我们必须接受失望，因为它是有限的，但千万不可失去希望，因为它是无穷的。人生没有坦途，我们不能停止前进的脚步，因为未来在前方。那些幸福的人不一定是最成功的人，他们也经受过挫折和失败，但不同的是他们永远充满希望。"

在希望和绝望之间，生命的天平总是摇摆不定，只要增加希望的分量，便能保住生命，也就可以让天平的指针倾向有利于自己的方向行进，在处世智慧中，维持希望是最明智的选择，而与绝望搏斗有可能使自己陷入绝境。

一位犹太拉比告诫人们时说："我们必须勇敢，并且运用自己所具备的优良本质，借以生存下去，更要发挥这种能力来认识自己。我们的活动常常被恐怖、谨慎、懦弱及胆怯等因素控制着，所以我们最大的敌人是妨碍自己的本能，也就是与生俱来的'欲望'和'个性'。"

《塔木德》中还有一句话："今天将要发生的事我们都还不知道，何必为明天而烦恼呢？"

"请问，你们是否看到一位美丽的小女孩？她的名字叫清清。"在四川汶川地震的救助现场，蓥华镇中学初一(1)班的班主任陈全红一直在打听着这个名叫邓清清的女孩子。这个出生贫穷的小女孩，有着一股子上进心，她家里虽然穷，但她的成绩却从来没有让人担心过，甚至经常在回家的路上，还打着手电筒看书，清清的行为总是让这个班主任感动。

每当看到一具具学生的尸体从乱石堆里抬出来，陈全红都痛心地说：

"一天前,他们还是活蹦乱跳的,怎么一下子就变成了这样呢?"

终于,邓清清被武警水电三中队的抢险官兵救了出来。让陈老师与官兵们感动的是,她在被救出来之前,还在废墟里打着手电筒看书,她说:"下面一片漆黑,我怕。我又冷又饿,只有打着手电筒看书,手电筒的这点光就是我全部的希望。"她是那样的坚强,让听者无不动容。陈全红看到安然无恙的清清被抢险官兵救出来的那一刻,一下子就哭了,赶紧抱着清清连说:"好孩子,只要你能活着出来,就有了希望。"

与邓清清一样,另一名被压在废墟里名叫罗瑶的女孩子在手脚受伤的情况下,一遍遍地哼着乐曲,靠着顽强的"钢琴梦想"激励自己不要入睡,直到被顺利救出。

这两个小女孩靠着对求生希望的执着,在生死关头赢得了生命。

乐观的人,在绝望中仍然抱有希望;悲观的人,在希望中还是绝望。世界上最残酷的事,莫过于扼杀希望。现实无论怎样严峻,只要未来有希望,人的意志都不易被摧垮。所以,无论身陷什么样的逆境,人都要永远保持希望,因为我们还有许多个美好的明天。在我们艰难的时候,我们应该在心中想象着一个阳光明媚的明天正在等待着我们。

人生有三重门,分别通往过去、现在和将来。这三扇门中的任何一扇都不可关闭,同时还要对每一扇门都存着希望,借着过去的经验,来把握现在、创造未来。人生的真正目的就在于此。

生活不受我们的控制,有阳光普照的日子,也会有阴雨连绵的天气,所以事情既然已经成为过去,谁也没有办法。但我们可以用未来去补偿,只要不失去希望,人们就一定能随心所欲地创造未来。

在台湾作家三毛的作品里,曾有一位弹奏三弦的盲人,他渴望在有生之年看看世界,但是遍访名医,都说没有办法。有个道士对他说:"我给你一个保证治好眼睛的药方,不过,你得弹断1000根弦,方可打开这张方单。在这之前,不能生效。"于是,盲人开始了尽心尽意地以弹唱为生。

一年又一年过去，在他弹断第 1000 根弦的时候，他将那张永远藏在怀里的药方拿了出来，请明眼人代他看看上面写着的是什么药材，好治他的眼睛。明眼人接过来一看，说："这是一张白纸，并没写一个字。"盲人听了，潸然泪下。突然，他明白了那道士"1000 根弦"背后的意义。就为着这个"希望"，支持他尽情地弹奏下去，而匆匆 53 年就如此活了下来。

捷克作家哈维尔有一段关于人生观的话："我不是乐观主义者，因为我不能肯定事事都有美好的结局；我也不是悲观主义者，因为我不能肯定每件事的结局都不好。我只是心怀希望……"

不管遇到了什么样的打击和挫折，也不管情况是怎么样的严峻，只要我们知道和明白未来还有希望，还有明天，只要自己的意志不被困难和压力所击倒，我们就能站立起来。有了希望，对于所有的事物，我们都会用一颗平和的心态去看待和理解。希望还是一种良药，它能治疗狂妄和消沉。

因此，在困难面前决不要灰心、气馁，永远保存着希望而顽强地生活。生命有限，但希望无限，只要我们每天不忘给自己一个希望，人生就会变得更幸福、更有意义了。

心灵悄悄话
XIN LING QIAO QIAO HUA >>>

当你能够感觉你愿意感觉的东西，能够说出你所感觉到的东西的时候，就是非常幸福的时候。

一生专注，一生坚持

欧阳修笔下的卖油翁以钱币覆葫芦口，徐以杓酌油沥之，自钱孔入，而钱不湿。但他谦虚地说："我亦无他，唯手熟耳。"

这不只是手熟，更是专注。

专注就是对自己充满信心，坚信"天将降大任于斯人"，坚信"付出终有回报"，坚信自己所从事的事业"风景这边独好"。因为坚信，所以能锲而不舍，百折不挠；因为坚信，才不会随波逐流、迷失自我。

伟大的居里夫人坚定信念，一生专注于镭的研究，最终成为诺贝尔物理学奖获得者。

汉朝的司马迁身受宫刑夜不能寐，面对喧嚣自甘寂寞，不被物欲所困扰，不被凡事所羁绊，不盲目追随世俗潮流，不在乎他人审视的眼光和无聊的评头论足，对《史记》的专注和执着让他顽强地活了下来，成就了史学界奇迹。

只有深深的迷恋和高度的专注才能让一个人坚持自己的道路，并创造前所未有的成就。

历史上，平庸者终成功和聪明人终失败一直是令人惊奇的事。影片《阿甘正传》中的阿甘不是个聪明人，但他是个做事专注的人，所以他最终取得了很多常人难以取得的成绩。

非专注无以作为，专注者其实最聪明。人们疑惑不解，为什么许多成功者资质平平，却取得了远远超过他们实际能力的成就？其原因很简单，

那些看似愚钝的人有一种顽强的毅力，一种在任何情况下都坚如磐石的决心，他们没有太多奢望，有一种从不受任何诱惑、不偏离自己既定目标的能力，他们能专注于一个领域，集中精力，耕耘不辍，想方设法不甘落后，一步一步地积累自己的优势。而那些所谓智力超群、才华横溢的人却仍在四处涉猎，毫无目标，最终一无所获。

专注是境界，更是修养。唯有专注，才能点石成金，化腐朽为神奇。专注是一种极其宝贵的精神。成大器者的基本素质，就是对事业充满热爱，对工作十分专注。

拿破仑的亲密同伴这样回忆他："他的一个显著特征是持久的注意力。他能一口气工作十八个小时，也许是做一件工作，也许是几件工作轮流做。我从未见过他不顾手头正在做的事情，将注意力转移到即将做的另一件事上。来自埃及的好消息或坏消息从未妨碍过他对民法的关注，民法也从未妨碍过他采取必要措施来维护埃及的安全。没有任何一个人能像他那样全身心地投入工作之中，也没有任何一个人能更好地分配时间去做他要做的一切。从未有人更坚决地拒绝考虑不合时宜的事务或意见，也从未有人比他更精明地在机会到来之时抓住一件事务或一个意见。"

在世事喧腾、红尘滚滚中静下心来，专注于某一事业，不受其他欲望和诱惑的摆布，这是一件非常艰难的事，意味着有可能放弃很多机会，意味着遭遇困难不能退缩，但是只有这样，才能成就于某一天地。

蒸汽机的发明者瓦特，从小就是一个非常内向、好静的孩子，只要是他感兴趣的事，无论他准备做、正在做还是暂时中断，他的心思都专注在上面。中学毕业后，他每周在车间里工作五天，每天从清晨干到晚上九点，在一年中就掌握了别的学徒需要三至四年才能学会的东西。

自从得到一台老式蒸汽机模型后，他就踏上了伟大的成功之路。他

沉浸在对大气压、真空、冷凝、传热、能量、效率等等错综复杂的环节的思索中，在工作中、在散步时、在水壶边、在床上……瓦特撇开其他事情，一心扑在蒸汽机上，不停地考虑与那个模型环环相扣的难题，一旦心有所得，就扑到实验室里检验。在十五年的时间里，他把六十多年无人改进的矿井蒸汽机变成了可以牵引轮船和火车的动力，获得了巨大的财富和显赫的社会地位。

所谓专注，就是专心致志、全神贯注，不受任何内心欲望和外界诱惑的干扰，对既定的方向和目标不离不弃，执着如一，不懈努力。

一个人想干成任何大事，都要能够坚持下去，坚持下去才能取得成功。你想成功吗？那么选择一条适合的路，专注地走下去！

心灵悄悄话
XIN LING QIAO QIAO HUA >>>

浮躁之心不能有，只有沉沉稳稳、实事求是，才能做好一件事。就像破茧时的蝶，平静地等待，才能见到破茧成蝶后的美丽；就像生长的苗，只有耐心地培育，才能享受到丰收的喜悦。心无旁骛的专注能够带回无悔无怨的成功！专注是金！

坚持是一种矢志不渝的心态

积极的心态看到的永远是事物好的一面，积极的心态能把坏的事情变好；积极的心态，能不断地往大脑中输入正面的信息，开启人的心智，想出办法，解决问题。保持良好的精神状态，才可以远离悲观消极。客观事物是不变的，变的是一个人对环境的观感。所以善用乐观心态，才可以在职场上发挥潜能。同时，积极的心态对朋友、家人、团队有巨大的正面影响力，可以让朋友、家人、团队在低潮时看清方向，有信心和勇气不断前进，干劲十足，不断创造、分享奇迹。

成功的最佳途径是坚持长远的心态。长远的心态是在顺利或遇到坎坷的时候仍坚持理想与信念。建立长远心态一是要有信心，二是要有恒心，胜不骄，败不馁。在《士兵突击》影片中钢七连有一句感人至深的话："不抛弃，不放弃"。这种坚持对我们建立长远的心态有着积极的鼓励作用。

在漫长的职场生涯之中，总会遇到一些工作上的挫折。我们以不同的心态面对挫折，便会产生不一样的结果。也许大家都听过"失败乃成功之母""在哪里跌倒，就在哪里站起来"等至理名言。不过，在真实环境中，有些人却无法再站起来，这是什么原因呢？

良好积极的心态，能令你认为跌倒是一次学习的机会；消极的心态却让你认为跌倒是"行衰运"。只有积极的心态才可以令你保持高昂的斗志，消极心态只会令你终日怨声载道。保持良好的职场心态，可以令你在挫折中重新审视自己，发现自己的优势或有待改进的地方。

"坚持"对于一件事来说是一种态度，而对于一个人来说却是一种责

任。想要达到巅峰,坚持的重要性无与伦比。

人生需要坚持,任何困厄都难以抵御坚持者不懈的抗拒,具有坚强性格的人有足够的斗志来应对人生的任何挑战。

五十年前,一艘哥伦比亚海军驱逐舰在加勒比海遇到风暴,八名水兵落水,下落不明。悲剧发生两个小时之后,人们在美国武装力量的协助下开始寻找遇难者。四天后,寻找工作停止,失踪的水兵被宣布死亡。但是,一星期后,一名遇难者在哥伦比亚北部荒凉的海滩上奇迹般地生还。十天来,他趴在一块木板上,没有食物、没有淡水,在大海上随波地漂荡着,靠岸时已经奄奄一息。这个人叫路易斯·A·贝拉斯科。人们问他是如何度过那充满恐怖、孤独和死亡威胁的十个昼夜的? 他的回答非常简单:坚持。他说每一个黎明,当太阳从海平线上升起的时候,他在发现自己还活着的同时,也相信自己又向陆地靠近了一些,也就是获得了更多生的希望。

终于,在迎来第十个日出的那天早晨,他看到了天空中盘旋的海鸥,看到了轮船上闪烁的灯光,看到了随风摇曳的椰子树枝……

我们每个人在一生的奔波中,都避免不了遭遇厄运、陷入困境,这虽然不是命运的定数,但却是生命的无奈。每当这时,坚持的定力对于任何人都非常重要。只要坚持,我们就有希望穿越眼前的黑暗,冲破命运的重围,走向新生。也只有坚持,我们才能给心灵一个安慰,让其相信在时间面前,一切困厄都是暂时的。

坚持是对绝望的否定,人生永远不能绝望,当你身处困境时,你不能被眼前的不幸所吓倒。在困境中坚持,在不幸中奋起,相信生命中既不可能永远是黑暗,也不可能永远是冬天。站在生命的冬天里,坚定信心去期待春天;走在生命的黑夜里,去抓住信念,呼唤生命黎明的到来。隐忍地坚持着,倔强地抗拒着,困境就一定会被你征服。一个人无论在什么时候,都要在精神上不断鼓励自己。什么事情都是有可能的,要想走进人生

的新境界，首先必须从坚持做起。要往前进，就一定要坚持一步一步脚踏实地努力走，只有这样，才可能到达终点，到达目标的巅峰。

坚持不懈与充分的自信一样，都是取得成功的必备素质。如果你想与众不同，如果你想取得成功，那么你要拥有的最重要的素质就是比其他任何人都坚持得更久的能力。

心灵悄悄话
XIN LING QIAO QIAO HUA >>>

只有坚持才能见到效果，只要坚持就会走向成功。一个总是轻言放弃的人，是永远达不到成功的波岸的。

从头到尾做完一件事，就是坚持

猎豹在捕食的过程中必须选定一个对象，一追到底。在成功捕获之前，它绝不会半途停下，去捕捉另外一只。因为它了解自己的体力，深知专注的道理，抛弃专注，它只能饥肠辘辘。

姜太公钓鱼，日复一日，年复一年，只求明主。倘若姜尚浮躁不定，又怎能钓得文王，一展宏图？孔子说过"欲速则不达"，要成就大业必须鄙弃浮躁，用心专一。

从头到尾做一件事，就是坚持。坚持"一件事原则"，成功的机会将大大增加。《尚书》说："为山九仞，功亏一篑。"在当今激烈竞争的社会中，如果你能向一个目标集中注意力，成功的机会将大大增加。全心专注于你所期望的，必定会达成所望。

在战国时代，有一个名叫乐羊子的人，独自赴远地求学。

乐羊子的妻子，原以为会有很长很长的一段时间，都见不到丈夫。谁知道，就在一年后的一天，乐羊子却极其意外地出现于正在家里织布的她的眼前。

看见乐羊子突然返家，他的妻子心中疑惑，便问他："你的学业已经完成了吗？"

"还没。"乐羊子一面看着他的妻子，一面回答，"我是因为忍不住对你的思念，只好先回来一趟。"不料，乐羊子的妻子听了他的话，立刻拿起一把剪刀，将自己正在织的布剪断了。然后，她缓缓说道："这布的原料来自蚕茧，再由织布机一丝丝地将之累积成寸、成丈、成匹。现在，我将这

布剪断了，不正是白白浪费了之前所有耗费的时间吗？你在外求学，也是必须日积月累地去钻研，才会有所成就；如果你半途而废，你的学业不也就和这剪断了的布一样吗？"

妻子的这番话，使乐羊子大为感动。于是，他再度告别妻子，重新踏上求学的路途。乐羊子这一去就是整整七年，直到他学有所成才回到家中。

要想成功必须加倍努力，而且要比别人更努力。只有经历不平凡的过程，才会获得不平凡的结果。翻开世界名人的自传，随处可见其有与众不同的特别努力的过程。

开学第一天，古希腊大哲学家苏格拉底对学生们说："今天咱们只学一件最简单也是最容易做的事。每人把胳膊尽量往前甩，然后再尽量往后甩。"说着，苏格拉底示范做了一遍，"从今天开始，每天做300下。大家能做到吗？"

学生们都笑了。这么简单的事，有什么做不到的？过了一个月，苏格拉底问学生们："每天甩手300下，哪些同学坚持了？"有90%的同学骄傲地举起了手。又过了一个月，苏格拉底又问，这次，坚持下来的学生只剩下八成。

一年过后，苏格拉底再一次问大家："请告诉我，最简单的甩手运动，还有哪几位同学坚持了？"这时，整个教室里只有一个人举起了手。这个学生就是后来成为古希腊另一位大哲学家的柏拉图。

在中国人的记忆里，"水滴石穿""铁杵磨成针"早已"刻骨铭心"。在中国的历史上，那种一辈子只做一件事情的例子简直数不胜数。可是最近几年，不少人产生了浮躁的心态，恨不得在一夜之间完成需要很久时间才能完成的事情。也就是说，浮躁心态已经成为一种常见的心病。医治这种不良心态的最好办法就是修炼自己的"恒心""决心"，学会做任何

事情都脚踏实地,循序渐进。特别是在自己处于困境的时候,也要安心、安心,再安心。

看过美国电影《阿甘正传》,阿甘带给我的启示是:一个人只要认定了一个目标,就要全力以赴地朝着这个目标去努力,并且始终坚信这个目标是正确的。他因为怕挨打被追,成了橄榄球场上的高手;他因为打了一下乒乓球,就练成了美国的代表到中国来打球;只因为和战友有个约定,他便全力以赴地去捕虾,结果成了富翁;只因为爱那个女人,他便一直等下去,一直等到她回到他的身边;只因为想跑步,他便跑遍了好几个国家,一直跑了几年,身后跟了许多追随者,不为别的,只为了跑步本身而跑,他成了一种象征,跑成了名人。这些成就都是坚持的结果。一般人在看不到眼前的利益,看不到前途时,会中途放弃的,但阿甘不会,他从不放弃。他从不放弃、从不抛弃的精神成就了他最终的成功!

阿甘的故事告诉我们,坚持做一件事真的很难。但只要坚持去做了,就有成功的可能。

心灵悄悄话

世间最容易的事是坚持,最难的事也是坚持。说它容易,是因为只要愿意做,人人都能做到;说它难,是因为真正能够做到的,终究只是少数人。

多走一步就是天堂

成大事者与未成事者之间的差距，并非如大多数人想象的是一道巨大的鸿沟。成大事者与未成事者的区别在于一些小小的行动上：每天多花五分钟阅读，多打一个电话，多努力一点，多做一些研究，或在实验室中多实验一次。

在工作或生活中，我们总是渴望成功。可是，在竞争激烈的今天，别人不比我们傻，我们也未必比别人聪明，那么我们凭什么成功？答案是："比别人多走一步！"

"比别人多走一步"是无数卓越人士和组织极力秉承的理念和价值观，"比别人多走一步"是指要比别人"看得更远一点、做得更多一点、动力更足一点、速度更快一点、坚持的时间更久一点"。它体现的是一种勤奋、主动的精神，一种坚忍不拔、永不放弃的意志，一种行动迅速、做事准确的能力。在现代社会中，我们需要的正是这种人：他们不仅能很好地完成分内的事，还会想尽办法比别人多做一点！

几乎在所有的领域中，那些最知名的、最出类拔萃者与其他人的区别就在于比别人更勤奋、比别人多努力那么一点儿。

一个成功的推销员用一句话总结他的经验："你要想比别人优秀，就必须坚持每天比别人多访问五个客户。""比别人多走一步！"这几乎是所有事业成功者的秘诀。

美国著名出版商乔治·W·齐兹12岁时便到费城一家书店当营业员，他工作勤奋，而且常常积极主动地做一些分外之事。他说："我并不

仅仅只做我分内的工作，而是努力去做我力所能及的一切工作，并且是一心一意地去做。我想让我的老板承认，我是一个比他想象中更加有用的人。"

你只需比别人多做一点，就可以从众人中脱颖而出。这是著名投资专家约翰·坦普尔顿通过大量的观察研究，得出的一条很重要的真理——"多一盎司定律"。他指出，取得突出成就的人与取得中等成就的人几乎做了同样多的工作，他们所做出的努力差别很小——只是"多一盎司"。获得成功的秘密在于不遗余力——加上那一盎司。多一盎司会使你最大限度地展现自己的工作态度，最大程度地发挥你的天赋，让自身不断升值。

当一个人已经完成了绝大部分的工作，付出了**99%**的努力，再"多加一盎司"其实并不难。但是，我们往往缺少的就是"多一盎司"所需要的那一点点责任感、一点点决心、一点点敬业的态度和自动自发地精神。保质保量完成自己工作的人，是优秀的员工。但那些在自己的工作中再"多加一盎司"的人，每天都在向人们证明自己更值得信赖，并具有更大的价值。

能够主动做事，能够比别人多做一点，那你就迈开了成功的第一步。率先主动是一种极珍贵、备受看重的素养，它能使人变得更加敏捷，更加积极。无论你是管理者，还是普通职员，"每天多做一点"的工作态度都能使你从竞争中脱颖而出。你的老板、委托人和顾客会关注你、信赖你，你就会得到比旁人更多的机会。

生活中，只有那些懂得比别人多"走"一步的人才能获得成功，也只有那些懂得比别人多"走"一步的人在不断地进步！

这好比两个人参加马拉松比赛，在奔跑两个小时以后，都已经完成了42公里的赛程，还有不到200米，就将到达终点。当时的情况是，两人都十分劳累、难受。前者选择了放弃，而后者则坚持了下来。相对于他跑过的漫长路程，余下这一段短短的距离具有极大的价值和意义；有了这几

步，他就成为一个征服马拉松的胜利者。取得中等成就的人只是少跑了几步，不幸的是，那是最有价值的几步。

　　"比别人多走一步"是一种勇气，是一种智慧，是人生走向成功的一条重要准则。要想取得成功，就必须做得更多更好更彻底。真正的成功是一个过程，是将勤奋和努力融入每天生活中的过程。

心灵悄悄话
XIN LING QIAO QIAO HUA >>>

　　无论何时何地，只要创造就有收获，只要有自强不息的拼搏精神，就能证明生命的价值与存在。只要你在平凡的工作中，坚持"每天比别人多做一点"，你终将置身于"柳暗花明又一村"的境界中，让你的人生拥有辉煌。

不让世界改变自己

阿瑟·戈森说："正直意味着有勇气坚持自己的信念。这一点包括有能力去坚持你认为是正确的东西，在需要的时候义无反顾，并能公开反对你确认是错误的东西。"

人生是一条有无限多岔口的长路，人们永远在不停地做着选择。每一个岔口的选择其实没有真正的好与坏，每一个选择都影响深远，而不同的选择也必定会造就完全不一样的人生。

现代人越来越容易迷失自己。成功的意义对每个现代人来说都是那么重要，特别是在当今这样一个越来越功利化、越来越物质化的社会里，太多的人们迷失在鲜花和掌声里，迷失在权力和金钱里，迷失在各种各样的诱惑里……于是，他人的肯定成了他的目标，他人的好恶成了他的好恶，众人的看法成了他行动的指南……越来越少的人能不为他人所左右，能够坚持自己。

有多少人为了成功而苦苦追求，甚至不择手段？有多少人在一些小小的成绩面前沉迷了自己？又有多少人能在鲜花和掌声中保持清醒，仍然坚持自己呢？

身边的东西会因局限而干扰我们对自己的认识以及发展，大环境下的妥协是容易的事情，而坚持自己，坚持自己认为正确合理的事情，是很值得珍惜的。对于有理想的人来说，任何人的嗤之以鼻都不算什么，他们甘愿在那条少有人走的路上坚定地走下去。

从古至今，有千千万万的人因为没有被世界改变，而获得了令人信服的巨大力量。

享誉世界、一生创作了 470 部著作的科普作家阿西莫夫，放弃了自己的教授职位，有人认为"他自我膨胀得像纽约帝国大厦"，因为他只按自己的方式去做事情，毫不谦虚。但他对此说道："除非有人证明我说的仿佛很自负的事情不属实，否则我就拒绝接受所谓自负的指责。"事实上，他坚持自己狂妄自大的个性，仍具有巨大的令人信服的力量。

这个世界上有这样一种人，他们总是去做自己认为正确、有益的事，无论别人做不做，这并非因为他们认为这样的行为会改变世界，而是因为他们不想让世界改变自己。

在成功之前，不要为了所谓的成功而放弃了自己所专注的，从而迷失了自己；在成功之后，也不要被胜利冲昏了头脑，要依然专注于自己的追求。就像一首禅诗里写的：开悟之前，砍柴挑水；开悟之后，砍柴挑水。坚持自己的信念，你会拥有一个充实有价值的人生，更会收获高贵纯正的美德。

改革开放的总设计师邓小平以他的意志品质向我们证明了这一点。他的一生波澜壮阔，风起云涌，三落三起，始终磨灭不掉的是他的雄心、他对祖国人民的一片热爱之情。咬定青山不放松，坚韧者永不会被击倒。

邓小平的"三落三起"是坎坷的人生经历的最好写照。邓小平同志以其宽广的胸怀和革命乐观主义精神拼搏奋斗，每一次"起"都是一个崭新的开始，每一次"落"都是一次思考与重新认识自己的机会。

具有明确的目的性，能够自觉调控好自己的心理，遇事当机立断，果断明智，坚持自己的理想不放松、不动摇，这就是伟人的品质。

邓小平的不凡就在于他能永不放弃，在任何困难面前永不低头。生活就是一条崎岖不平的路，谁不畏困难，不怕挫折，坚定地走下去，谁就能够成功。道理就这么简单，但关键要去实践。

　　自信是成才的必要条件，没有自信不可能成功，有了那份坚韧，有了那份执着，绳锯可以断木，滴水可以穿石。永远不放弃对生活的热爱，对生命的追求。我心永恒，则希望之灯永明。

　　坚持一下，因为再一次成功正向着你走来。对于有理想的人来说，任何人的嗤之以鼻都不算什么。祝福你，我的朋友，愿你成为这样的人，走在那条少有人走的路上，坚定地走下去。

心灵悄悄话
XIN LING QIAO QIAO HUA >>>

　　古今成大事者，不唯有超世之才，亦有坚韧不拔之志。充分发挥人的主观能动性，昂首挺胸，笑对生活。自信，成就了你的人生。

把坚持塑造成一种习惯

在一部纪录片里，篮球之神乔丹对着镜头说："我曾经被罚球1800次，腿伤、肩伤、关节痛3300次，投篮未中9900次……但是我坚持下来了！"

片酬高达3800万的国际影坛巨星史泰龙，在拍第一部电影之前被各个电影公司拒绝了1855次，都说他不可能当演员。

卓越的人都习惯坚持，而一般人习惯放弃。面对你想要的结果，由于你的坚持，结果是成功的；但如果半途而退，没有坚持，没有持之以恒，最终自然无果。许多事情的失败，并不是因为自身能力的缺陷，而是因为我们没有坚持到最后一步，如果中途选择了放弃，就会失去一次已有的大好机会，留下太多的无奈和太多的惋惜。

一个人的好习惯要自小开始培养，并在一生中不断坚持不懈，要有坚忍不拔的毅力，并敢于面对困难和挑战。

1998年11月，地中海畔的一座小城——西班牙的奥罗佩萨，世界国际象棋儿童分龄组冠军赛正在这里紧张地进行着。来自82个国家和地区的选手中，一位中国小姑娘最引人注目，她在已赛完的前九轮较量中唯一保持全胜，提前两轮捧走了16岁年龄组比赛的冠军奖杯。"这是新的奇迹，中国人天生会下棋！"在这位中国小姑娘无可争议地夺冠后，一位西班牙资深棋手感慨地说。

这位小姑娘就是王瑜。她的成功，与父亲王振虎的悉心培养密不可分。

学习棋艺是一个枯燥乏味而又异常艰苦的过程，时间一长，小王瑜难免有些厌倦。为了鼓励女儿坚持不懈地学下去，王振虎常常跑遍京津书店，搜集国际象棋书籍，每买到一本新书，王振虎都要在书的扉页上摘抄一两条名言警句，有时甚至不辞辛苦地专程赶到北京，只为给女儿求得棋界名人的一句赠言和一个签名。王振虎将自家的生活费压了又压，多年来，夫妇俩没添过一件新衣服，家里没添过一件家用电器，但无论生活多苦，王振虎也从未动摇过支持女儿学棋的决心。

父亲面对困难的勇气和坚持不懈的态度深深地感染了小王瑜，她暗下决心，一定要努力学成棋艺，早日替父亲分忧。功夫不负有心人，几年之后，她不但拥有了父亲那些优秀的品质，还获得了巨大的成功。

成功励志大师陈安之说："成功者只占3%，普通人占97%。"这两者之间最大的差别是——前者习惯了坚持，后者习惯了放弃。人生一切的坚持与放弃，都是从一个目标、一个决定开始的。

全球最大的商务网站阿里巴巴的总裁马云说："我不知道什么叫成功，我只知道——只要你放弃了，你就失败了。"设定一个目标，是人人都会做的事，但要达到艰巨的目标，就不是人人都能坚持得住的。

韩剧《大长今》风靡大江南北，激励了无数女性奋发向上，坚持不懈。

六岁的长今不能去上学，可长今太渴望识字，宁愿天天挨打，也要偷着念书，母亲终于向幼小的长今屈服，亲自教女儿识字。长今和一般孩子不一样的是：许多孩子因为某事不被允许去做而被父母再三痛打以后就放弃了；但长今没有放弃，她因为坚持，最终赢得了胜利。长今的母亲将要离开人世前，又送给了女儿一个超值的礼物——她给长今树立了一个目标："当最高尚官娘娘！"

人生的辉煌，从树立一个"胆大包天"的目标开始！

七岁就失去父母的长今，只要一见到宫里出来的人，就会马上说："我要当宫女！"直到长今来到了未来的皇帝大君身边。

因为长今的坚持，她当上了宫女。从此之后，长今做任何事都专心致志，百折不挠，任何时候只要一想起目标，就会坚强起来……因为她记得母亲说过的话："你不管走到哪里，无论如何都要活下去，更不能轻易放弃！"

"坚持"对于长今而言，已经成为生命中的一种习惯。长今因为从小习惯了只要坚持就会获得成功，从而逐步形成了一种"坚持的性格"。如果一个人能吃一般人吃不了的苦，想一般人想不到的事，坚持一般人坚持不了的信念，那么这个人终有一天会实现目标，一定会成功。

好习惯不是一朝一夕就能养成的，它需要持之以恒，坚持不懈。就像著名教育家曼恩所说的："习惯仿佛一根绳索，我们每天给它缠上一股新索，要不了多久，它就会变得牢不可破。"我们就是要作为自身缠索的人，一点一滴，坚持不懈，让自己的好习惯牢不可破，让好习惯为自己带来一生的幸福。培养好习惯是一个长期的缓慢的韧性工作，但如果坚持下去，那就会收到事半功倍的效果。

心灵悄悄话
XIN LING QIAO QIAO HUA >>>

养成坚持不懈的习惯，要善始善终，更要经常磨炼，是一项长期而艰巨的任务。在这个过程中，在原则问题上决不能让步，切不可一时放松就对自己让步，因为有了第一次就有第二次，长此以注，所谓坚持不懈就会变成一句空话。

坚持自己的风格

欧文·伯克斯顿说:"如果一个人一生中只是追寻一个目标,那么他在有生之年可能会实现自己的理想;但是如果他见异思迁,到处倾注精力,那么到头来他便会徒劳无功、一事无成。"

人生就像一片汪洋,而我们就是行驶在人生大海上的一艘船,坚定、刚毅、顽强就好比是人生小船的方向盘、船帆和船舵,只有具备了这些,自己的那艘船才能在艰险万分的人生道路上乘风破浪,到达人生的终点,完成对人生价值的诠释。

科恩兄弟是当今美国最为声名卓著的独立制片旗手。科恩兄弟从小就喜欢看电影,两人有一个共同的愿望,就是长大了以后当上大导演,让全世界所有的人都来看他们拍的电影。

兄弟二人先后在著名的大学攻读电影。1984年,他们完成了影片《血迷宫》。《血迷宫》虽然营造了一个独具魅力的个人影像世界,却与主流电影有天壤之别,观众们看到这部作品的时候,一时间很难明了影片在说什么,因此兄弟俩在当时的时代失败了。

弟弟因失败而动摇了,他怀疑这样做不值得。然而哥哥始终鼓励着他,让他坚信只要坚持下去就一定能成功。此后,两兄弟依然亲密无间地合作,两人一起埋头认真撰写剧本、一起策划、一起努力拍电影。但此后的多部电影仍没有引起太大反响。

面对一次又一次的失败,弟弟又一次动摇了,他说:"我们要不要改变一下我们的风格视角?那样和主流就合拍了!"

然而哥哥斩钉截铁地回答："不，我们要做我们自己的东西！"

1991年，科恩兄弟拍摄的《巴顿·芬克》终于获得了第一届桑丹斯电影节最佳影片，成为独立制片史上的一部具有里程碑意义的影片。2008年的第80届奥斯卡颁奖典礼上，科恩兄弟导演的犯罪片《老无所依》获得了4个奖项，即最佳导演奖、最佳改编剧本奖、最佳影片奖和最佳男配角奖，两兄弟共捧走了6个小金人。科恩兄弟的电影风格终于成为好莱坞电影的主流。

科恩兄弟以自己独特的风格开辟了电影界的一个新时代。他们也曾经怀疑过，曾经动摇过，然而他们最终战胜了自己，以无比坚定的信念不断克服了一次次磨难。

面对人生，你首先应该知道的是：你是独特的、绝无仅有的、独一无二的，你有自己的个性、背景、观点、处世态度及人际关系，没有人可以取代你，你的存在绝对有无法取代的价值。你的使命终究还是要靠你自己来完成，它是你人生的目标，是独一无二、专属于你自己的，它值得你用全部的精神、力量去追求。

一个农夫继承了祖上传下来的几亩地，在城郊种粮食，与乡邻们过着同样清贫的生活。

三年后，因为二十公里外的地方发现油田，城市热闹起来，经济迅速发展，城市的地盘连连扩张。这位农夫所处的城郊出现了一栋栋大楼，与乡下的安静和贫穷形成鲜明对照。

于是，城郊的农民纷纷转让土地，有进城打工的、有做小买卖的，日子过得比以前富裕多了。但是，这位农夫没有放弃田地，他说："其他活儿我都不在行，只有种地是我的专长。我希望一直守着它。"

又过去了三年，农夫的几亩地渐渐被住宅楼群包围。他的家和土地成了楼群居民眼中的风景，人们总是三五成群到他的领地上散步、闲聊。这时，农夫改种花卉，当时花卉的价格比粮食高。农夫成了一位优秀的园

艺家。他种植的花卉由于成本低，且运输方便，简直是供不应求，他每天都在赚钱。

时至今日，农夫已成为当地一家花卉公司的老板，虽称不上巨富，但比起当年所有的乡邻，他是唯一获得真正成功的人。

农夫说："我就知道，只要我坚守自己的土地，坚持我自己，就一定会获得我想要的。"

美国成功学家拿破仑·希尔指出，每个生下来的人都是一名冠军。在生下来以前，数以亿计的精子参加了巨大的"战争"，然而最终只有其中的一个赢了。这个胜利的精子中的 24 + 染色体所包含的全部遗传物质和倾向，是由这个人的父亲和他的祖先提供的。每个人在生下来时，已经从过去巨大的积蓄中继承了所需要的潜能，因此，谁都可以成为天才。

人的智能、智慧、智谋，只用了 10%，还有 90% 的潜能有待开发。爱迪生说："我最需要的，就是有人叫我去做我力所能及的事情。"

投资大师巴菲特说："投资人最重要的特质不是智力而是性格。"只有始终坚持自己，才是最好的武器。坚持自己所坚持的吧，那些所有通向未来的出口，与所有曾经拥有的痕迹，都将会存在于你所坚持的手心里，它们定会给予你永久的指引。具备了良好的性格特质，就如同航海者掌握了一流的航海知识，乘风破浪的日子已经近在咫尺。

心灵悄悄话
XIN LING QIAO QIAO HUA >>>

生命应该有所坚持，成功前，不要为了所谓的成功而放弃了自己所专注的，从而迷失了自己；成功后，也不要被胜利冲昏了头脑，要依然专注于自己的追求。

坚持人生的高标准

无论一个人能飞多高，并非由其他因素所决定，而是由他自己的心态所致。"标准"一词，词典解释为衡量事物的准则，这是标准的一般概念。日常工作中所强调的标准，可作为复合词来理解：标，即奋斗所要达到的目标；准，即实现目标所必须坚持和把握的基本准则。标准就是一个人设定的奋斗目标，以及为实现这个目标所坚持和把握的基本准则。标准是每个人成长路程中的选择，选择什么样的标准，就会有什么样的成就，乃至塑造形成什么样的人生。

人生在世，既要活得有价值，更要活得有个性。个性可以让自己在人群中展现自我，坚持自己的个性可以让我们更有自信。

吉鸿昌，一位历史风云人物，在监狱里挺住了严刑拷打，不被敌人的"糖衣炮弹"所诱惑，坚决不透露一丁点儿关于党的机密，敌人用尽各种卑鄙的手段都不能使他坚强的意志屈服。最终敌人无奈之下只得枪毙他，他在临死时依然表现出大义凛然的英雄气概，他对敌人这样说："我要站着死，并且你们要在我的前方开枪，我要亲眼目睹你们是怎样残害中国人的！"中弹身亡后，他仍然像一座泰山屹立在原地纹丝未动。吉鸿昌坚持了自己"宁死不屈，不怕牺牲，忠诚于党的事业"的标准，被载入史册。

一个人人生的标准应该是高质量的。

坚持人生的高标准，说来容易做来难。有的人小成即满，刚刚取得一

点成绩和进步，就沾沾自喜，因而没能取得更大的成绩与进步；有的人怕苦畏难，遇到一点难处，受到一点挫折，就感到受不了，于是怀疑既定的标准，很快熄灭了"三分钟热度"；还有的人心浮气躁，对平凡小事不屑一顾，不是脚踏实地打基础，点点滴滴严要求，而是好高骛远，指望一步登天。其实，坚持人生的高标准，贵在持之以恒、不懈追求。

分析一些成功人士的奋斗历程，不难发现，他们之所以能够成功，往往并不是因为他们比常人聪明，也不是因为他们有"贵人"相助，而是因为他们在奋斗和进取的过程中，始终坚持人生的高标准，处处严格要求自己，认真做好每一件事情。

有一个小男孩的父亲是位马术师，他从小就必须跟着父亲东奔西跑。由于经常四处奔波，男孩的求学过程并不顺利。

初中时，有次老师叫全班同学写作文，题目是《长大后的志愿》。

那晚他洋洋洒洒写了七张纸，描述他的伟大志愿，那就是想拥有一个属于自己的牧马农场，并且他仔细地画了一张占地200亩的农场的设计图，上面标有马厩、跑道等的位置，而且在这一大片农场中央，还要建造一栋占地400平方英尺的巨宅。

他花了好大心血把这篇作文完成了，第二天交给老师。两天后他拿回了作文，上面打了一个又红又大的F，旁边还写了一行字：下课后来见我。

脑中充满幻想的他下课后带着作文去找老师，问："为什么给我不及格？"

老师回答道："你还小，不要老做白日梦。你没钱，没家庭背景，什么都没有。盖座农场可是个花钱的大工程，你要花钱买地，花钱买纯种马匹，花钱照顾它们。"他接着又说，"如果你肯重写一个比较不离谱的志愿，我会给你一个你想要的分数。"

这男孩回家后反复思量了好几次，然后征求父亲的意见。父亲只是告诉他："儿子，这是非常重要的决定，你必须自己拿定主意。"

再三考虑几天后，他决定原稿交回，一个字都不改。他告诉老师："即使拿个大红F，我也不愿放弃梦想。"

二十多年后，这位老师带领他的三十个学生来到那个曾被他指责过的男孩的农场露营一星期。离开之前，他对如今已是农场主的男孩说："说来有些惭愧。你读初中时，我曾向你泼过冷水。这些年来，也对不少学生说过相同的话。幸亏你有毅力坚持自己的目标。"

奥格·曼狄诺说："一颗种子可以孕育出一大片森林。"

每个人在刚起步的时候，基础大体是差不多的，之所以在后来差距越拉越大，除去个人天赋和能力方面的差异，最根本的还是对自身标准要求的高低以及努力的程度不同。

一个人如果为自己定的标准不高，做事情便不能始终倾尽全力。确定标准时哪怕打个小小的折扣，完成任务的质量便不会好，如此，纵有聪明才智，也会影响事业的成功。对自己的标准不高，那就是对自己的无情否定。进步不大、事业难成，怨不得别人，只能怪自己没有坚持人生的高标准。

心灵悄悄话
XIN LING QIAO QIAO HUA >>>

人的一生中，走向成功的机会很多。有的人成功了，是因为他们能够把握住机会，乘势进取。一百次的努力也许只有一次成功，但只要坚持不懈地去追求，成功的机会必会被牢牢把握。

保持坚定的信念

坚定的信念，使我们不畏艰险，克服障碍，抵达成功的彼岸。只要持有坚定的信念，你就可以征服世界上任何一座高峰。

信念是人生的灵魂。信念是一面旗帜，她一直飘扬在你心灵的深处，指引着你前行的方向；信念是一首壮歌，她一直萦回在你的耳畔，传输着你前行的力量。我们每个人都有自己的信念，但我们大多数人从未认真梳理过自己的信念系统。可以说我们在对待朋友上有自己的一套想法，在对待本职工作上也有一套独特思路，在遇到社会问题时也表述着自己的看法，等等，这些都是我们信念系统的组成部分，但实现清晰而统一的信念体系需要一定的方法和时间。

一位哲人曾经说过：世界上有两种东西最能震撼人的心灵，一是头顶上灿烂的星空，一是内心坚定的信念。是的，坚定的信念不仅是一个人成就事业的内在力量，是支撑人类精神大厦的基石，更是一个伟大民族的筋骨，一个伟大民族的灵魂。

有时候，最难坚持的，却又最珍贵的，往往是初始的满腔热情和坚定的信念。

信念又是我们对自己的目标、理想的信心、希望和动力。

罗尔斯是纽约历史上第一位黑人州长，他出生在纽约声名狼藉的贫民窟。在这儿出生的孩子，长大后很少有人获得体面的职业。

罗尔斯是个例外，他不仅考入了大学，而且成了州长。在他就职的记者招待会上，罗尔斯说了他的一个小学老师——皮尔·保罗。

皮尔·保罗当时是这个学校的校长兼一个班的班主任。当他走进这个学校的时候，发现这儿的孩子比"迷惘的一代"还要无所事事，他们旷课、斗殴，甚至砸烂教室的黑板。

皮尔·保罗决定改变这里的状态，他的秘诀是"鼓励"，而罗尔斯就是其中的"受益者"。一天，当罗尔斯从窗台上跳下，猫着腰往外逃跑时，被保罗叫住，皮尔·保罗说："我一看你修长的小拇指就知道，将来你会是纽约州的州长。"

罗尔斯大吃一惊，长这么大，只有奶奶说他可以成为5吨重的小船的船长。这一次皮尔·保罗先生竟说他可以成为纽约州州长，着实出乎他的意料。他记下了这句话，并且相信了它。从那天起，他的衣服不再沾满泥土，他说话时也不再夹杂污言秽语，他开始挺直腰杆走路。在以后的40多年间，他没有一天不按州长的身份要求自己。51岁那年，他果真成了州长。

在就职演说中，罗尔斯说：在这个世界上，信念这种东西任何人都可以免费获得，所有成功者最初都是从一个小小的信念开始的。正是皮尔·保罗对我说的那句话，让我拥有了一个坚强的信念，它一直激励着我，使我有了今天的成就。

其实，我们每一个人都具有无限的可能，就像罗尔斯一样。最重要的是，一定要秉持坚定的信念。

不要受前人观念的影响，而认为某事不可能，也不要因为事情有些不对劲就认为不可能做到。只要把那些不好的因素排除出去，构想就会更完善。完成"不可能"的事需要人力、财力、体力和时间，如果没有，可以争取。不要因为缺乏人力、财力、体力或时间而放弃一个设想，不要因为设想会造成冲突而加以拒绝。事物产生的过程就是不断克服冲突和矛盾的过程。

在困难面前，我们需要有坚定的信念，朝着生命的目标前进，去摘取成功的硕果。坚定的信念是我们心中的灯塔，使我们走向成功。坚定的

信念,使我们在"浮云遮望眼"时做出最理想的选择,使生命活得精彩而充满意义。

愚公移山这个故事家喻户晓,面对阻碍人们行走的大山,愚公毅然地决定把这座山夷为平地,并动员全家人一起行动,最终把山"移"走了。面对智叟的嘲讽,愚公坚定的信念更让人钦佩,试想愚公因他的讽刺而犹豫不决甚至放弃,那就不会有移山的动人壮举,也不会有人们对"愚公精神"的传颂。

司马迁,从小研读史书,在不幸遭遇宫刑之后,他没有因为别人的唾弃而颓废,在遭受耻辱的困境中,他走遍大江南北,为把更真实的历史展现在百姓面前而努力。在这样的努力中,坚定的信念结出了美丽的果实,一部"史家之绝唱,无韵之离骚"的《史记》诞生了。

一个人的生活是否正派、情趣是否健康,根本上在于理想信念的总的指导思想有没有出问题。现代社会纷繁复杂,一些人随着职位的提升、权力的扩展,经不起金钱美色和腐朽没落思想的侵蚀,从生活上放纵自己开始,直至彻底丧失理想信念,沦为被社会唾弃的腐败分子。

理想信念是人们所向往、所追求并为之奋斗的目标。"灯无油不亮,人无理想不会发光。"一个人有信念,有理想,有追求,才会有高尚的思想境界和强大的精神支柱。

心灵悄悄话
XIN LING QIAO QIAO HUA >>>

很多优秀的人都是始终能够坚持理想的人。成功并不是某些特定人士的独享,而是我们每个人都可以拥有的,只要能够始终坚持自己的理想,不断进取,才能延伸人的真正价值!

坚持，是战胜自我

成功的条件有很多，像天时、地利、人和，但最关键的是坚持，并战胜自我。不要自我设限，让我们大声地告诉自己："我是最棒的，我一定会成功！"

1988年，韩国汉城奥运会男子100米蝶泳决赛正如火如荼地进行着。领先的是美国泳坛名将马特·比昂迪，他已把其他选手抛在身后，正向终点冲刺。观众席上狂热挥动的星条旗也似乎表明，他将是这场比赛的冠军。

到终点了，比昂迪从水中抬出头来，举起双手，想第一个庆祝自己的胜利，但显示屏上还没显示出成绩，整个赛场沉寂了几秒钟，一会儿成绩出来了，一个名叫安东尼·内斯蒂的苏里南选手以0.01秒的优势战胜比昂迪，获得了男子100米蝶泳比赛的冠军！

为什么会这样呢？通过慢镜头回放，可以看出，在冲向终点的一刹那，比昂迪并没有再次保持蝶泳状态，仅是依靠自己游动的身体惯性，滑到了终点，而几乎就在这同一时刻，来自苏里南的选手内斯蒂始终保持蝶泳的最佳姿态冲向终点，以至于他差点把头撞到了前面的池壁上。正因为这样，他在最后的关键时刻，超过了比昂迪，第一个到达终点，成了这次比赛的最大"黑马"。

这个故事告诉我们，当你接近成功时，千万不要松懈，而是要继续保持先前的状态，继续努力，这样才能保证你最终获得成功。

科学研究证明：在成功的要素中，态度占 80%，能力技巧占 13%，其他因素（运气、长相、天赋等）占 7%。可见态度是成功的决定性因素。

坚持才能成功，能够认识自我，了解自我，完善自我，战胜自我，并非易事，但要想成就一番事业，不管怎样，都要撑到最后。不经历风雨怎么见彩虹？雨天过后，太阳会从云层里射出耀眼的幸福之光！

马克思为积累资料，在大英博物馆查阅大量的书籍，久而久之，他的座椅下的地板被磨出了深深的印痕。这种严于考证的坚持，使他完成了《资本论》这部伟大的巨著。

正如叔本华所言，事物本身并不影响人，人们只受对事物看法的影响。对某一样事物，你有什么样的看法，你就有什么样的结果，对于事物的看法没有绝对的对错，但是有积极和消极之分。战胜了自我，就能保持心灵的宁静，于是可以使忧愁、恐惧、疑忌、愤懑宣泄释放，心内坦然，沉着冷静，可对付瞬间之变，使自己能在思想的支配下保存自我。

电影演员唐国强曾经说过这样的话："只要你自己不把自己打倒，别人永远不会把你打倒。最后一刻你坚持下来，你可能就成功了。你放弃了，你就完了。"

客观环境可以决定一个人一时的成败，但是没有办法决定一个人三年、三十年，乃至一辈子的成败。如果一个人一辈子都被客观环境所限制，一定不是客观环境在限制他，而是因为他很愿意待在那里，受制于环境。

大多数人都只是希望成功，而不是一定要成功。决心就意味着没有任何借口，改变的力量源自决定，人生的成功注定于你下定决心的那一刻。如果你要，你就能得到；如果你一定要，你就一定有方法得到。不是能力决定你的成功，而是你一定要成功，决定了你一定会去准备相应的能力。要想事情改变，首先要改变自己！借由改变自己才能最终改变别人，借由改变自己才能改变自己所处的世界。

齐白石是我国现代著名的书画家，他一生素以勤奋著称，自开始作画

生涯起，每天从早到晚不是默坐构思，就是挥毫笔墨。这种持之以恒的精神，给后人留下了许许多多不朽的作品。

　　鹰击长空，不畏乌云遮眼，不畏电闪雷鸣，只因有那坚定的信念，它才在天空划下了成功的痕迹。要想取得成功，必须心中有目标、方向，要永不言弃，要持之以恒，不能松懈，这样才能保证最终获得成功！自信、执着，让你握有一张人生之旅永远的坐票。对未来保持希望，你现在就会充满力量。

心灵悄悄话
XIN LING QIAO QIAO HUA >>>

　　执着是一种无所不达的阶梯，信念是一种无坚不摧的力量，奇迹是执著者造就的。生活就是那么有趣，如果你只接受最好的，你就会得到最好的。现在就做一个决定，决定未来到底要成为什么样的人吧！

怎样在坚持中培养意志力

著名心理学家詹姆斯说过:世界由两类人组成,一类是意志坚强的人,另一类是心态薄弱的人。后者面临困难、挫折,总是逃避,畏缩不前,面对批评,他们极易受到伤害,从而灰心丧气,等待他们的,也只有痛苦和失败。但意志坚强的人不会这样,他们的内心都有股与生俱来的坚强特质。所谓坚强的特质,是指在面对一切困难时,仍有内在勇气承担外来的考验。

性格的意志特征,是指是否具有明确的目的性、纪律性、独立性、自制力、主动性、镇定、果断、勇敢、坚韧等。它是指为实现某种目标,下定决心,准备克服困难的内部心理过程的调节方式和水平。

春秋战国时代,一位父亲和他的儿子出征打仗。父亲已做了将军,儿子还只是马前卒。号角吹响,战鼓雷鸣,父亲庄严地托起一个剑囊,其中插着一支剑。他郑重地对儿子说:"这是家传宝剑,佩带在身边,就会力量无穷,但千万不可抽出来。"

那是一个极其精美的箭囊,厚牛皮打制,镶着幽幽泛光的铜边,再看露出的箭尾,一眼便能认出是用上等的孔雀羽毛制作的。儿子喜上眉梢,贪婪地推想箭杆、箭头的模样,耳旁仿佛嗖嗖的箭声掠过,脑中浮现出敌方的主帅应声坠马而毙。

果然,佩带宝剑的儿子英勇非凡,所向披靡。当鸣金收兵的号角吹响时,儿子再也禁不住得胜的豪气,完全背弃了父亲的叮嘱,强烈的欲望驱赶着他呼的一声就拔出宝剑,试图看个究竟。骤然间他惊呆了:一只断

剑，剑囊里装着一支折断的剑。

"我一直挎着支断箭打仗呢！"儿子吓出了一身冷汗，仿佛顷刻间失去支柱的房子，他的意志轰然坍塌了。

结果，儿子惨死于乱军之中。

透过茫茫硝烟，父亲捡起那柄断剑，沉痛地自语道："不相信自己的意志，永远也做不成将军。"

故事中的儿子把胜败寄托在一支宝箭上，多么愚蠢。这个故事告诉我们，在这个世界上，最重要的那个人就是你自己。你时时都随身携带着一个看不见的法宝，这个法宝就是积极的心态。人生的道路上，我们自己就是故事中的那支箭，想要它坚韧，想要它锋利，想要它百步穿杨，都在于我们自己。要百发百中，就要不断地磨砺它，拯救自己的只能是自己。

西楚霸王项羽，乃一代豪杰，李清照称赞项羽"生当作人杰，死亦为鬼雄"。然而他面对大势已去的局势时，却是在乌江边悲叹着："虞兮虞兮奈若何？"最后自刎于江边。残阳划破长空，预示着霸王的生命结束了，西楚霸业也结束了。项羽缺乏坚定的信念，自以为"大业已去，无颜见江东父老"，却不知，"江东子弟多才俊，卷土重来未可知"。可惜他选择了自杀，使所有的功绩归零，使他的生命失去了色彩。

中国清朝有一副对联这样写道："有志者，事竟成，破釜沉舟，百万秦兵终属楚；苦心人，天不负，卧薪尝胆，三千越甲可吞吴。"

邓小平顽强的意志力表现在"极强的自我约束能力、坚忍不拔的容忍力和刚毅顽强的坚持力"等方面。

遇事不怒、含怒不激，是邓小平意志坚忍的突出表现。在被"造反派"打倒，身处逆境的日子里，对来自"造反派"粗暴无礼的训斥，他不屑一顾；对来自"四人帮"的政治谩骂，他置若罔闻，不以为然；对来自不怀好意的人的旁敲侧击、讽刺挖苦，他置之不理，一笑了之。

邓小平一生不屈服于侮辱却又忍辱负重，具有钢铁般的意志。邓小平的女儿毛毛在《我的父亲邓小平》中说："我父亲为人性格内向，沉稳寡言，五十多年的革命生涯，使他养成了临危不惧、遇喜不亢的作风，特别是在对待个人命运上，相当达观。在逆境中，他善于用乐观主义精神对待一切，并用一些实际的工作来调节生活，从未感到空虚和彷徨。"邓小平的博大和达观，不但表现在面对险境、迎受逆风时不惊，还表现在获得成功、赢得胜利时不亢，表现在对过去对手的宽容上，而这正是一个政治家获得成功的必备条件。

怎样才能在坚持中培养自己的意志力呢？

首先要目标明确，给自己一个攀登的起点；其次要下定决心，为实现自己的目标规定期限，并且坚决做到；再次要积极主动，主动的意志力能让你克服惰性，把注意力集中于未来。在遇到阻力时，积极投身于实现自己目标的具体实践中，你就能坚持到底。

心灵悄悄话
XIN LING QIAO QIAO HUA >>>

意志力也可以通过逐步培养来实现，坚强的意志力不是一夜之间突然产生的，而是逐渐积累起来的。在这一过程中会不可避免地遇到挫折和失败，必须找出使自己斗志涣散的原因，才能有针对性地解决。年轻人可以通过多做一些运动，让自己达到极限来磨炼自己的意志力。

坚持你所相信的价值

一个人最大的敌人是自己。外来的挑战虽然严酷，但不管能不能克服，总有过去的时候；现在对你造成威胁的事件，以后未必还会存在；唯有内心里那个自我永远不会消失。因此，假如一个人缺乏自信心，那他这一生一世都无法摆脱它的控制。

意大利雕刻家阿格斯迪诺·安东尼尔在一块大理石上勤勉地劳作着，但却未能雕刻出他满意的作品。他悲伤地说道："我对这块大理石无能为力了。"其他雕刻家也试着雕刻这块复杂的大理石，但都没有结果。米开朗琪罗却从这块大理石中发现了它的潜在价值。他凭借"我能实现它的价值"的态度，使得世界著名雕像作品——《大卫》诞生了。

如果你能做到不断地在学习中实践，在实践中学习，培养自己的性格，恪守原则地规范自己的行为，建立自信，在决策时相信自己的判断，并坚定地坚持下去，那么，总有一天，你会看到你所坚持的价值带给你成功。

安德鲁·戈登是一个普通的英国人。一次，戈登无意间发现酒吧的桌子下面垫着几张餐巾纸。原来，桌子脚与地面接触的部位不是很吻合，导致桌子总是摇摆，服务生只好在桌脚下面垫了几张餐巾纸。

戈登觉得这很有意思，于是开始构思一种小装置，用来调整桌腿长度，让桌子平稳。他当即找来一个装燕麦片的纸盒，开始尝试，直至找到合适的外形和厚度。

后来，戈登又改进了他的小装置，并将其命名为"桌子防摇器"。事实上，这个装置很简单，仅由八片塑料制成，可根据桌子的摇摆程度进行

调整,对桌脚起到固定作用。虽是命名为"桌子防摇器",但这一装置同样也可以用来固定书柜、花架、床铺等一系列器皿和家具。

2005年,戈登兴奋地报名参加英国广播公司(BBC)商业台的创意商机节目。当戈登拿着他的装置,向评委们解释这一独特的发明时,评委席上爆发出一阵善意的笑声。节目主持人说,这是他听到的最荒诞的想法;甚至有人戏谑地把这一创意称为"世上最可笑的发明"。

从节目现场回来,戈登有些沮丧,觉得自己在大庭广众之下被嘲笑是一件很没面子的事。但有一点他深信不疑,那就是这东西一定有不小的市场,因为几乎所有家庭和公共场所都有桌椅、台柜等,而只要有这些东西的地方就一定用得着它。

果然不出戈登所料,几乎没有采用任何广告形式进行宣传的桌子防摇器,仅短短一个月就在网上获得了上百万次的点击率。人们纷纷表示要购买这种小东西,因为这种小东西是他们的家庭所必需的。

渐渐地,戈登的客户越来越多,连英国王室都对这一小发明产生了兴趣,英国考试协会更是一次就订购了20万个桌子防摇器。

这世上,每个人都是独一无二的,每个来到这个世上的人,都是上帝赐给人类的恩宠,上帝造人时即已赋予每个人与众不同的特质,你所做的事,别人不一定做得来;你之所以为你,是因为你自身有些与其他人不同的特质,而这些特质又是别人无法模仿的。在生活中,我们应该相信自己,为自己的理想而奋斗。而在奋斗的过程中,想获得胜利,就必须相信自己的实力。

我国五代时期的画虎名家历归真从小喜欢画画,尤其喜欢画虎。但是由于没有见过真的老虎,他总把老虎画成病猫,于是他决心进入深山老林,探访真的老虎。经历了千辛万苦,在猎户的帮助下,他终于见到了真的老虎,通过大量的写生临摹,其画虎技法突飞猛进,笔下的老虎栩栩如生,几乎乱真。此后,他又用大半生的时间游历了许多名山大川,见识了

更多的飞禽猛兽，终于成为一代绘画大师。

无论做任何事都要有信心，有了自信才能不断超越自己，不断前进，不要想着路程有多远，而要踏实地走好每一步，战胜困难！人的一生，前路总会充满荆棘和考验，只有坚持不懈才会有梦想和希望。每个人都应该学会坚持，只有如此，当你暮年之时，细细回想，才会觉得没有虚度曾经美好的年华，才会觉得自己的整个生命都充满价值。

心灵悄悄话
XIN LING QIAO QIAO HUA >>>

坚持自己所相信的价值是一种信念，它不是繁花如梦似锦，却如青松般大雪压不倒。正是因为有了这样的信念，我们才会永远自信，开拓出美好的未来。

第二篇 >>>

人贵有恒，天道酬勤

人生于世正如"逆水行舟，不进则退"，没有知识的铺垫必将变得匮乏、贫弱和苍白；没有知识的积累，也将难以塑造出良好的气质和品格，生命也必将从此走向空虚、堕落和庸俗。今天，不学习就跟不上时代的步伐，只有不断地学习才不会被高速发展的社会所淘汰。

居里夫人曾说："我们应有恒心，尤其要有自信心！我们必须相信，我们的天赋是要用来做某种事情的。"一个人只要强烈地坚持不懈地追求，他就能达到目的。

只有学习才能成功

虽然学习不是到达成功的唯一途径，但只有学习才能专精，只有专精才能成就未来。人的一生什么时候都不能停止学习。须知：在成就伟大的事业之前，先成就伟大的自己。

人的一生其实就是学习的一生，我们所遇到的人、所遇到的事物都是我们人生大学的教师。学习虽无法改变人生的长度，却能改变人生的厚度；学习虽无法改变人生的起点，却能改变人生的终点。学习不是一阵子的事，只有养成终身学习的习惯，才能跟上时代飞转的车轮，跟上时代的发展。一个不热爱、不善于、不愿意学习的人，就难以体会到内心充盈的喜悦感，难以获得学以致用的舒畅感。

学习是储备知识的唯一途径，学习能给自己补充能量。价值是能力的交换，学习力是竞争力，学习是积累财富的过程，是创造财富的过程。

拜丽德集团是全国无区域性企业集团，是一家以虚拟生产、经营休闲服饰为主导产业的特许经营多元化企业。集团先后被评为"中国100最佳特许经营企业""中国民营企业竞争力500强"之一、"中国企业信息化500强"之一，连续五年跻身中国服装行业销售、利润"双百强"企业。

拜丽德创建以来，就十分重视人才的培养，确立先进的学习理念。

"正是通过多年坚持不断地学习，拜丽德才有了今天的规模和效益。学习是理念，而拜丽德能否创造明天的传奇，就要看其能否打造成一个学习型企业。"这是拜丽德集团总裁郑秀东经常说的话。

拜丽德的十字企业精神——诚信、勤奋、学习、创新、发展，营造了浓

厚的学习氛围。为了便于记载员工的个人学习情况,他们专门建立了《员工学习档案》,及时登记员工参加培训、进修等学习情况,适时制订学习计划,进行学习小结,为整体推进学习型企业创建工作奠定了基础。

拜丽德从树立学习新理念入手,在领导、职员中普遍树立学习是生存和发展的需要、自学勤奋、终身学习、学做结合等一系列学习新理念,营造全员学习的良好氛围,以此来促进全体员工的全面发展,从而不断提高全体员工的整体素质。

同时,公司及时成立了创建学习型企业领导小组和办公室,明确了各类学习型组织的牵头部门,建立每季度召开一次联席会议的制度,规划部署创建工作,研究和协调解决有关重大事项和重要问题,并对活动开展情况组织督查。还制订印发了《拜丽德集团2007～2010年建设学习型企业规划》和年度行动方案,明确了指导思想、总体工作目标,从工作内容上、组织结构上构建起比较完备的工作体制和体系。

郑秀东说:"不发展、慢发展无以安居乐业。我们做企业就是这样,企业如果不发展、发展慢,就会被淘汰出局。而对于一个企业来说,只有不断创新才能发展。创新的源泉从何而来?只有学习,不断学习。当你停止学习,你的创新就没有动力了,企业也就走到尽头了。

一招吃遍天下的时代早就过去了,昨天的成功不代表明天还能成功。对于那些想有所发展的企业来说,还得时刻记住:好好学习,天天向上。

心灵悄悄话
XIN LING QIAO QIAO HUA >>>

在知识经济时代,知识更新的周期越来越短,只有不断地学习,才能不断摄取能量,才能适应社会的发展,才能生存下来。要想成功,就必须通过学习不断地充实自己。

学无止境，终身学习

毛泽东："贵有恒，何必三更起五更眠；最无益，只怕一日曝十日寒。"

清朝学者方东树在《昭昧詹言·通论五古》中有"学无止境，道无终极"之说，以学海无涯、道术深广来力驳求学问道者的浅薄与自满，以永不满足的执着精神激励我们在学术和人生的里程中勇于挑战极限，追求完美。

联合国教科文组织成人教育局局长——法国的保罗·朗格朗说："终身教育所意味的，并不是指一个具体的实体，而是泛指某种思想或原则，或者说是指某种一系列的关心与研究方法。概括而言，也即指人的一生的教育与个人及社会生活全体的教育的总和。"

终身学习是指社会每个成员为适应社会发展和实现个体发展的需要，贯穿于人的一生的持续的学习过程。总之一句话：活到老，学到老。

我国古代的思想家老子便坚持了"活到老、学到老"的伟大信念。我们熟知的《道德经》就是他智慧的结晶，是不容置疑的无价之宝，但又有多少人深掘过他乐学的背后所蕴藏的巨大的精神信念，以及他甘于寂寞、潜心修道、勤奋不止的生活态度？是坚定的学习信念支撑着他的漫漫人生！

从前有一个小和尚，离开家乡到处寻访名师，想得到一些真正的修为。后来，他终于找到了一位高僧，并恳求收他为弟子。高僧见他一片诚心，又天资聪慧，便收下了他。

两年后，小和尚自以为学到了很多东西，得到了师父的真传，便不想

再继续跟着师父参禅拜佛了,于是就向他的师父辞行,要下山去。高僧明白小和尚的心思,他并没有阻拦小和尚下山,而是让小和尚拿来一个钵,然后让他往里面装一些石头,装满为止。

高僧问小和尚:"钵装满了吗?"小和尚答:"满了,再也装不下什么东西了。"高僧便抓了一把芝麻撒进去,然后晃了晃钵,芝麻一会儿就不见了,接着高僧又抓起一把芝麻撒进去,晃了晃钵,芝麻又不见了。

"钵装满了吗?"高僧再次问小和尚。小和尚惭愧地告诉师父:"看上去满了,可是还能装下很多东西。"这时,高僧又取来一只杯子,让小和尚往钵里面倒水。

小和尚看钵满了,就想停止倒水。高僧却说:"不要停,继续倒。"结果钵倒满了水后,多余的水都溢了出来。高僧这时候才让小和尚停止倒水,然后问他:"满了还装得下别的东西吗?"

小和尚明白了师父的一片苦心,请求师父原谅他的无知。

求学对于我们每个人来说,仿佛已经是一个朝夕相伴的"老朋友"了,一切从未知到已知,都是学习的结果。年幼时我们混沌柔弱,正是通过学习,我们掌握了很多知识,具备了某些技能,并形成了对于人生和世界的看法和态度;进入了大学,学习仍然是我们的主要任务,也是我们自强、自立于未来的重要手段和工具;进入社会后许多新的问题也涌现于我们面前,在学校内学到的知识已无法满足在社会上生存和发展的需要,已无法帮助我们从容面对眼前新的挑战,该怎么办? 这就需要不断学习,才能不断进步。

英国技术预测专家詹姆斯·马丁有一个测算:人类的知识在 19 世纪是每 50 年增加 1 倍,20 世纪初是每 10 年增加 1 倍,20 世纪 70 年代是每 5 年增加 1 倍,而近 10 年则是每 5 年翻 1 番。2005 年,知识的总量比 20 世纪末增长 1 倍;到 2020 年,知识的总量将是现在的 3 ~ 4 倍;到 2050 年,目前的知识只会占届时知识总量的 1%。比尔·盖茨也曾经对微软

的软件开发人员说过："再过四五年，现在的每句程序指令都得淘汰。"

"摩尔定律"被用来形容半导体科技的快速变革，其基本内容是：平均每过 18 个月，半导体芯片的容量就会增长一倍，成本却少一半。而"新摩尔定律"即光纤定律则是：互联网的带宽每 9 个月会增加一倍的容量，但成本也同时降低一半。人类生来就有学习的潜能，只有发展自己的学习潜能，才能达到人生成功的顶峰。

玄奘是唐朝高僧。为了求取佛经原文，玄奘于贞观三年八月离开长安，万里跋涉，历时 17 年，终于到达印度。这次西行，玄奘历经 5 万里行程、138 个国家，带回佛教经典 520 箧、657 部。返回长安以后，他刻苦翻译佛经，20 年间共翻译出 1355 卷。他还根据自己的亲身经历写作了《大唐西域记》，为佛教传播和人类进步、世界文明做出了伟大的贡献。

当我们意识到学习内容与自己的目的有关，就能够积极地参与学习，并全身心地投入，独立性、创造性和自主性也能得到促进。所以，青年朋友们要对自己的学习目的有一个清楚明确的认识，才能更好地巩固已有的学习目的成果并学习更多的知识与技能。

"不学习，就落伍；不努力，就下岗"，这是社会上很多人的体会与共识。在"新摩尔定律"时代，知识更新速度加快，一个人在学校或短训班里学到的知识占他一生中所学知识的比例越来越小，即使你现在已是大学毕业生了，从长远的一生来看，你的教育还只是刚刚开始。

心灵悄悄话
XIN LING QIAO QIAO HUA >>>

只有抱定"终身学习"的理念，具有"不断充电"的紧迫感并付诸行动，才能从容面对各种变化，也才能不被社会淘汰。

目标在精不在多

要想成功,就得制定一个奋斗目标。但是,目标并不是不切实际地越高越好,只有好好地利用自身特点和优势去制订适合自己的目标和实施目标的步骤,你才可能取得成功。对每个人来说,在实施目标时,只有当每个步骤既是未来指向的,又富有挑战性的时候,它才是最有效的。

草原上,父亲带着三个儿子打猎。父亲问三个儿子:"你们眼睛里看到了什么?"老大回答道:"我看到了我们手里的猎枪、草原上奔跑的野兔,还有一望无垠的草原。"父亲摇摇头说:"不对。"老二的回答是:"我看到了爸爸、大哥、弟弟、猎枪、野兔,还有茫茫无垠的草原。"父亲又摇摇头说:"不对。"而老三的回答只有一句话:"我只看到了野兔。"这时父亲才说:"你答对了。"果然,老三捕到的猎物最多。

目标要专一,不能游移不定,眼中只有猎物的老三能捕到最多的猎物就是最好的佐证。但事实证明,大多数人都有一个共同的悲哀——目标游移不定。没有明确的目标,又怎么去着手工作呢?最后只能一事无成。

无论从事何种行业,要想获得令人瞩目的成功,都需要具备很强的目标专注力。这就是说,要把心力尽可能用到与目标相关的事情上,而放弃其余。

古语云:千里之行,始于足下。要想实现自己的人生目标,或是要实现企业的经营目标,都要有脚踏实地的苦干精神。而能长久保持你苦干热情的最好方法,就是为自己制订一系列的"跳一跳,够得着"的阶段性

目标。要是这些阶段性目标都完成了，那么成功还会远吗？

在学习上、工作中，不管你是否犯过浅尝辄止的错误，只要你现在安下心来，认定一个正确的目标，专一不懈地努力，你就一定会获得成功。科学路上无捷径，专一不懈见成功。

世上无所谓高尚的职业，也无所谓低贱的职业。任何事，只要是合法的，一心一意把它做到极致，就能成就杰出。

在荷兰，一个名叫万·列文虎克、仅初中毕业的农民，来到一个小镇，找到了一份替镇政府看门的工作。他在这个岗位上干了60年，一生没有换过工作。

不过，门卫这份清闲工作仅仅是他的谋生手段，工作之余，他另有追求。他的目标是打磨出世界上最好的玻璃镜片。只要一有时间，他就拿出打磨工具，磨呀磨，一磨就是几十年。他是那样专注和细致，他的打磨技术早已超过了当时最好的专业技师，他磨出的复合镜片，放大倍数超过了当时最好的显微镜。他因此声名大振，被巴黎科学院授予院士头衔。这是多少科学家梦寐以求的荣耀啊！不仅如此，英国女王也曾专程到小镇上去拜访他，向这位杰出的老人表示敬意。

列文虎克做的是如此微不足道的事情，但因为目标专一，他就创造了一个奇迹！

在现代社会，机会多多。但是，过多的选择机会反而使人容易见异思迁，走上迷途。如何克服机会的诱惑？这是有志于造就一番事业者的必修课。

每个人的出生背景不同，天赋条件各有差异，但机会均等，人人都有成大器的可能。无论贫者富者、智者愚者，都是一利一弊，如能因利除弊，都可能大获成功。天资聪颖的人，学知识比较快捷，却可能对知识的理解流于肤浅；头脑愚钝的人，学知识比较困难，却可能因苦心钻研而理解透彻。所以，两者在成功的条件上几乎是一样的。

虽然每个人都有成大器的意愿,也有成大器的可能,但最终心想事成者却只是少数人。这是为什么? 因为多数人不能执定目标、持之以恒。在这个世界上,值得追求的东西很多,如果什么都想要,就什么也得不到。只能选定一个目标,盯紧它,全力追赶它,不受其他目标的诱惑,才可能达成心愿。

心灵悄悄话
XIN LING QIAO QIAO HUA >>>

人的精力有限,时间有限,如果精力分散,到头来只会两手空空。必须对一个目标穷追不舍,才可望有所收获。

长期坚持学习是成功的关键

在佛教经典《法华经·化城喻品》中讲了这样一个故事：

很久以前，有一位导师带着一群人去远方寻找珍宝。由于路途艰险，他们晓行夜宿，非常辛苦。走到半途时，大家累得受不了了，便七嘴八舌地议论着，打起了退堂鼓。导师见众人这样，便暗施法术，在险道上幻化出一座城市，说："大家看，前面不就是一座大城！过城不远，就是宝藏所在地啦。"众人见眼前果然有座大城，便又重新鼓起劲头，振奋精神，继续前行。就这样，在导师的苦心诱导下，众人历尽千辛万苦，终于找到了珍宝，满载而归。

古代思想家荀况说过："锲而舍之，朽木不折；锲而不舍，金石可镂。"这句话说明了目标专一和持之以恒是成功的必由之路。这样的例子真是俯拾皆是，不胜枚举。

德国医学家欧立希立志制出一种药剂。经过长期不懈的努力，在失败了 666 次之后，终于制出了药剂 666。

我国数学家陈景润在少年时就立志摘下数学王国的宝石——哥德巴赫猜想。他勤奋钻研，算纸用了几麻袋，历尽艰难困苦，终于获得了重大成果。

学习或工作上浅尝辄止，永远不会带来成功，只能浪费时间，白费气力，到头来无所作为。

一个人的心志是成败的关键。只要心中的灯火不曾熄灭，即使道路

再崎岖难行,那片光明也会指引方向,最终引领我们到达终点。

1969 年,高中没有毕业的龚美伦响应党的号召,上山下乡。那段"艰苦岁月"着实锻炼了龚美伦的筋骨,磨砺了她的意志。

1984 年,她决定参加自学考试,成了成都市第一批青年自修大学的学生。1988 年,她通过 11 门课的考试,获得了自考汉语言文学的大专文凭。当年,她作为优秀学员,上了《四川日报》。"人生中总会有个机遇在等待着你,去实现你的梦想,只要你抓住了就会成功。"龚美伦深有体会地说。

参加会计电算化培训的时候,她是年龄最大的一个。"年龄大,并不能说明你不行。"龚美伦说,"只要自己认真对待,肯学习,什么都能学得会。"经过全脱产的一个月培训后,她成了全县第一批拿到会计资格从业证的女同志。

她说,这几十年,自己不断抓住机遇学习进步,最让她忘不掉的是她孜孜不倦的求知之路。

在平时的生活与工作中,我们要时刻提醒自己,做事不能半途而废,要有坚忍不拔的毅力和顽强不屈的奋斗精神,时刻调整自己的方向和方法,不让自己偏离目标,遇到困难和压力时用持久的耐力造就成功。

陈平是西汉名相,少时家贫,与哥哥相依为命。为了秉承父命、光耀门庭,他不事生产,闭门读书,却为大嫂所不容。为了消除兄嫂间的矛盾,面对大嫂的一再羞辱,他隐忍不发。随着大嫂的变本加厉,陈平终于忍无可忍,离家出走,欲浪迹天涯。被哥哥追回后,又不计前嫌,阻兄休嫂,在当地传为美谈。终有一位老者,慕名前来,免费收其为徒授课教学。陈平学成后,辅佐刘邦,成就了一番霸业。

现在有许多人,不坚持学习,不忍受寂寞,不愿意吃苦,不为人生选好

坐标，却梦想一夜成名、一夜巨富，这不仅不现实，而且容易碰壁。正确的做法应该是先认识自己，发现自己的爱好和特长，并持之以恒地努力，那么幸运之神会等着你。

我国清代学者王国维曾总结了学习的三个境界。其一为志存高远，"昨夜西风凋碧树，独上高楼，望断天涯路"；其二为持之以恒，"衣带渐宽终不悔，为伊消得人憔悴"；其三为成功境界，"蓦然回首，那人却在灯火阑珊处"。

自古以来，凡是成就大事业、大学问的人，无不经过这三种境界。我们要想达到自己的志向，也要以勤为径，上下求索，执着追求。终有一天，会豁然开朗，功到事成。

心灵悄悄话
XIN LING QIAO QIAO HUA >>>

只要坚持就一定会有所收获。我们身边有那么多活生生的例子，他们通过自己坚持不懈的努力，最后都达到了自己的目标。循序渐进地学习，只要坚持下去，我们一定可以找到学习的乐趣。

及早培养好习惯

有时没路了,却还在前行,因为习惯了。习惯的力量是惊人的。习惯能载着你走向成功,也能驮着你滑向失败。

人就是一种习惯性的动物。无论我们是否愿意,习惯总是无孔不入,渗透在我们生活的方方面面。很少有人能够意识到,习惯的影响力竟如此之大。

有调查表明,人们日常活动的 90% 源自习惯和惯性。想想看,我们大多数的日常活动都只是习惯而已!我们几点钟起床,怎么洗澡、刷牙、穿衣、读报、吃早餐、驾车上班等等,一天之内上演着几百种习惯。然而,习惯还并不仅仅是日常惯例那么简单,它的影响十分深远。如果不加控制,习惯将影响我们生活的所有方面。

小到挠头、握笔姿势以及双臂交叉等微不足道的事,大到一些关系到身体健康的事,比如,吃什么、吃多少、何时吃、运动项目是什么、锻炼时间长短、多久锻炼一次等等,以及与朋友如何交往、与家人和同事如何相处,都是基于我们的习惯。再说得深一点,甚至连我们的性格都是习惯使然。性格其实就是习惯的总和,就是你习惯性的表现。关于习惯成就性格的说法并不是最近才提出来的。古希腊哲学家亚里士多德早在公元前350年便宣称:"正是一些长期的好习惯加上临时的行动才构成了美德。"

智力是天生的,它就像身高一样与生俱来,很难改善和提高。但是,你完全可以在好习惯的帮助下,提高个人的教育水平,获得更多知识。正是习惯,决定了每个人如何开发自己与生俱来的潜能。

鲁迅小的时候,爱买书,爱看书,爱抄书,把书看作宝贝一样,养成了

爱书如宝的好习惯。这个好习惯贯穿了他的一生，他一生读过的书浩如烟海。

亚历山大大帝也有一个很有说服力的例子。亚历山大一生多次率军横扫亚欧大陆，在无数次的远征中，鞍马劳顿之余他仍不忘记读书，还特地命人返回希腊为他运来许多书籍。博览群书的好习惯使亚历山大大帝智慧过人，建功立业，声名留传百世。

坏习惯使成功遥不可及，应该彻底改掉坏习惯，让好习惯引领自己走向成功。许多人的拖沓已经成了习惯。对于这些人来说，要完成一项任务的一切理由都不足以使他们放弃这个消极的工作模式。如果你有这个毛病，你就要训练自己，用雷厉风行的好习惯来取代拖沓的坏习惯。每当你发现自己又有拖沓的倾向时，静下心来想一想，确定你的行动方向，然后再给自己提一个问题："我最快能在什么时候完成这个任务？"定出一个最后期限，然后努力遵守。渐渐地，你的工作模式就会发生变化。

美国前总统罗斯福说："关于我一生经历的各种战役，人们谈论得很多。其实，最艰难的一场战役只有我一个人知道，那就是战胜自己的战役。"接着，罗斯福描述了这场驾驭自身的战役，"只有通过实践锻炼，人们才能够真正获得自制力。也只有依靠惯性和反复的自我控制训练，我们的神经才有可能得到完全的控制。从反复努力和反复训练意志的角度上而言，自制力的培养在很大程度上就是一种习惯的形成。"

如何选择，完全取决于你自己。你想成功吗？那就及早培养有利于成功的好习惯。怎样才算养成了积极思维的习惯呢？把成功的景象视觉化，把梦想图像化，想象成功的情景，一遍又一遍地想，加深印象，默默地对自己讲，同时也对别人讲。当你在实现目标的过程中，面对具体的工作和任务时，你的大脑里去掉了"不可能"三个字，而代之以"我怎样才能"时，可以说你就养成了积极思维的习惯了。

拉里·伯德是NBA（美国篮球大联盟）的传奇人物，历史上最杰出的

篮球明星之一。毫无疑问，伯德是一位不可思议的运动员，但我们也不得不承认，伯德并不是最具运动天赋的人选。然而，正是天赋有限的伯德，率领波士顿凯尔特人队，三次登上了总冠军的领奖台，当之无愧地成为历史上最伟大的运动员之一。既然天赋有限，那这一切又是如何做到的呢？你或许已经猜到了答案，是的，正是"习惯"。

伯德堪称 NBA 历史上最出色的三分球投手之一，早在加入 NBA 之前的少年时代，每天早晨，伯德总是先练习 500 次三分投篮，再去上学。有了这种习惯，不论天赋几分，都有可能成为一个好的三分球投手。伯德就是这样一位依靠良好的习惯把自己先天的才能和天赋发挥到极致的典范。事实上，贯穿他整个职业生涯的，正是这些帮助他发挥出所有运动潜能的自律的习惯。

成功人士并不见得比其他人更聪明，但是，好习惯让他们变得更有教养、更有知识、更有能力；成功人士也不一定比普通人更有天赋，但是，好习惯却让他们训练有素、技巧纯熟、准备充分。

心灵悄悄话
XIN LING QIAO QIAO HUA >>>

成功人士不一定比那些不成功者更有决心或更加努力，但是，好习惯却放大了他们的决心和努力，使他们更具条理、更有效率。

坚持练就耐力

荀子说："骐骥一跃，不能十步；驽马十驾，功在不舍；锲而不舍，朽木不折；锲而不舍，金石可镂。"

正如居里夫人所说，成功是需要持久的耐力的。做事情要持之以恒，要坚持不懈。我们无论做什么事情都要有坚定的信念，这是决定自己能不能坚持下去的原动力，我们只有坚定了自己的信念，才能坚持走到最后。

成功是每个人的目标追求。人生如何才能成就一番事业呢？聪明的人往往不务实，务实的人往往不聪明；有悟性的人工作常没有耐性，有耐性的人工作却常没有悟性。获取成功既需要有悟性，又需要有耐性。有悟性才能做得好，有耐性才能做得久，可惜这样的人太少了。

大部分人都处在平凡的岗位上，但是仍然应该严格地要求自己，不断努力不断进步，坚定自己的信念不动摇，相信自己能在平凡的岗位上实现不平凡。机会总是给有准备的人的，我们不能左右自己的运气和机遇，但是我们能决定自己把握机会的能力，而这种能力是我们通过在日常的工作和学习中不断地提高自己、充实自己而获得的。这样，我们就能够在机会到来的时候，把握住机遇，实现自己的人生价值。

我们每个人都要拿出自己的最大的毅力和耐力，去创造属于自己的成功，去享受属于自己的那份快乐。

当你做一件事快要坚持不住时，一定要记住：贵在坚持，这是耐力。当你做一件事感到寂寞难耐时，一定要挺住，这叫有毅力。有些人其实资质很普通，但其获得成功就是因为有毅力和耐力。

司马光是个贪玩贪睡的孩子，为此他没少受先生的责罚和同伴的嘲笑。在先生的谆谆教诲下，他决心改掉贪睡的坏毛病。为了早早起床，他睡觉前喝了满满一肚子水，结果早上没有被憋醒，却尿了床，于是聪明的司马光用圆木头做了一个警枕，早上一翻身，头便滑落在床板上，自然惊醒。从此他天天早早地起床读书，坚持不懈，终于成了一位学识渊博的大文豪，并主编了500多万字的惊世史书《资治通鉴》。

日本禅师丹羽廉芳曾说："人生就像马拉松赛跑，谁有耐力，谁就可以获胜！"飞鸽传书需要耐力，跑马远行需要耐力，连骆驼横越沙漠，都需要耐力。忍耐加上恒心，就会成为耐力。耐力是一种信念，是一种精神，是坚强而不动摇地、坚定而不犹豫地、坚韧而不妥协地、坚毅而不屈服地进行到底。

有这样一幅画面：瀚海如烟的大漠里，几株胡杨孤单地散落着，任凭烈日暴晒，任凭黄沙拍打，在这最残酷、最致命、最无情的生存环境里，它们依旧傲然挺立。它们是沙漠里的守望者，用自己的生命和不屈诠释着两个字——耐力。

是什么让胡杨在干燥炎热的沙漠中坚强地生存下来，又是什么让胡杨在生死轮回中繁衍生息呢？就是一种坚持的精神，一种生命的耐力。像胡杨的一生要经历无数的孤独、无数的干燥、无数的冷热巨变一样，人生在世，也要经历磨难的考验。有的人在逆境中挺了过来，有的人却淹没在挫折的汪洋中。他们的差距，就在于失败者缺少了成功必备的元素——耐力。

耐力很小，它是筋疲力尽时的咬牙坚持，是心灰意冷时的重新振作；耐力又很大，它是强者面对困难时的执着，是生命走向更高境界的方法，是人类超越自我、挑战极限、开发生命的武器。世界上任何事业的成功，"耐力"都是必备的条件。有耐力，读书才会通晓，做人才能通达，修行才有成就。

　　我们再看看几位名人的耐力与韧性吧：达尔文著《物种起源》用了 27 年，司马光编《资治通鉴》用了 19 年，李时珍写《本草纲目》花了 50 年，歌德的《浮士德》写了 60 年……

　　能经得起磨炼，在耐力中与自己赛跑，就能最大地发掘自己的力量。漫长的人生旅途中，若是没有耐力，便只有半途而废的失败，唯有将生命坚持到底的人，才能采得成功的果实，获得成功的喜悦。

　　成功是需要积累的，前期的坚持虽然表面上看不到收获，但是实际上你已经积累了大量的无形财富。当你的能力、经验、知识、信誉都积累到一定量时，你的光彩就会焕发出来，成功也会不期而至。

心灵悄悄话
XIN LING QIAO QIAO HUA >>>

　　时间能消除许多问题，耐力长久就会等来解决问题的机遇。等一等，挺一挺，可能事物就会发生变化，熬过去就有希望。

运气就是不停地努力

当被问到成功的原因时,很多成功人士都回答:"其实当初我很幸运。"这个成功的常见原因,却偏偏是商学院无法教授的一堂课。其实,越努力,就越幸运。

认清自我才能改变一生:确认你想做什么,你能做什么,你的优势在哪里。毕竟从来没有哪个时代,能像今天这么自由,勇敢一些,你一定可以成功。一个坚决朝着自己目标前行的人,别人一定会为他让路,而一个踌躇不前、走走停停的人,别人一定会抢到他前面去,绝不会让路给他。

许多成功者就是创造机遇的高手,他们总是在努力,总是在奋斗,开始时他们是在追寻机遇,而一旦他们自身的实力积累到一定的程度,机遇便会自动登门造访。

安东尼13岁时,立志要当一位体育记者。有一天,他从报纸上得知胡华·柯塞尔要到当地的百货公司签名售书。安东尼想当一名体育记者,就得首先访问顶尖专家。

主意拿定,安东尼借了录音机前去采访。抵达现场时,柯塞尔正起身准备离去,安东尼有点慌,许多记者围着柯塞尔发问最后一个问题。安东尼钻进人缝,挤到柯塞尔面前,用连珠炮似的语速说明来意,并问柯塞尔能否接受简单的采访。出人意料的是,柯塞尔接受了他的采访。

这个经验改变了安东尼的看法,使他相信运气就是不停地努力,没有人不可接近,只要敢开口便能得到。

什么是运气？运气就是个人奋斗的结果。人的命运并非天生，努力自助者，天必助之。

勤奋敬业才能有所发展。你控制不了运气，但可以控制你的行动。成功路上，守株待兔似的运气是不可取的。要"旱涝保收"，你必须努力，这就是运气的本质。

比尔·盖茨也曾说过，他之所以能有后来的成就，是因为他很幸运。如果不是由他的父母从小教育，如果不是小时候就认识后来的合伙人艾伦，也就不会有后来的盖茨。

话虽这么说，但是大多数的专家认为，这两件事只是盖茨的机会，他抓住并且善用了它们，才造就了他的成功。如果把另一个人放在他的位子上，也拥有相同的机会，不见得就能有相同的结果。因此，光说盖茨幸运并不完整，他的想法与才能同样是成功的关键。

有机会要揪住机会，没有机会要努力创造机会。有时候机会就在你身边躺着睡觉，只是你没有发觉，或者是你怕打搅它，没有去敲醒它，当醒悟的时候，它已经走远了。

成功学大师陈安之说，不管做什么事，只要放弃了就没有成功的机会；不放弃，就会一直拥有成功的希望。如果你有99%想要成功的欲望，却有1%想要放弃的念头，就没有办法成功。人们经常在做了90%的工作后，放弃了最后让他们成功的10%。这不但输掉了开始的投入，更丧失了经由最后的努力而发现宝藏的喜悦。

虽然运气听来可遇不可求，但是事实上，好运并非完全不在个人掌控之中。换句话时，一个人是可以通过一些努力，让自己变得更幸运的。无论是思考或行动，都要采取放松与开放的心态，以打破习惯。从今天开始，改变上班的开车路线，不要老跟同样的同事共进午餐。新经验会打开新的幸运之门。

一个人如果对自己的信念和追求具有一种坚忍不拔的态度，连上帝也会感动和帮忙的，正如有句话所说，唯自助者天助之，幸运尤其偏爱有准备的头脑，包括知识的准备和勇气的准备。

女作家叶倾城有一篇名叫《不是天意》的文章，其中有这样一段话："每一个大满贯，都不是一件偶然的事。而即使是一场游戏，能玩得如此精彩，背后包含了玩家多少的经验。成，是天道酬勤；败，是学艺不精，从头再来。输和赢都在自己的掌心，与天意无关。不能泅渡的人，便只能随波逐流；不会打保龄球的人，每一球都是碰运气；不曾为成功付过代价的人，才会把未来交给天意。的确有过侥幸的成功，有一夜暴富的人，有捡到天上馅饼的人，就好像如我这样的初学者，也曾偶然地打出过大满贯。可是真正的大赢家，永远是那些训练有素的人，只有他们，才可以凭着自身的力量，以那样优美的姿势，从容地击出自己的成功。"

南非高尔夫球球神普雷尔有句名言："我练习得越努力，我就越幸运。"他在比赛中的一杆进洞，乍看之下很幸运，但却是他无数次挥汗练习所累积出来的成果。

心灵悄悄话
XIN LING QIAO QIAO HUA >>>

奇迹注注产生在绝望的那一刻，只要相信，你的命运就能产生奇迹。我们所处的世界是一个能产生奇迹的世界，只要你相信自己和生活，奇迹也能在你身上出现。

自强不息，持之以恒则能过关

门捷列夫说："没有加倍的勤奋，就既没有才能，也没有天才。"

关于治学与修业，中国古人推崇一种笨办法。《中庸》中说："人一能之，己百之；人十能之，己千之。果能此道矣，虽愚必明，虽柔必强。"这个方法似乎很笨，但是很有效。而且，如此不能达到最高境界。话说回来，这么多的次数怎么来完成，只有在漫长岁月中恒久坚持。只有在内心里"念兹在兹，挂记不忘，不离不弃"，才能完成由量变到质变的转变。

西汉时期，有一个特别有学问的人，名叫匡衡。匡衡小的时候家境贫寒，为了读书，他凿通了邻居文不识家的墙，借着偷来的一缕烛光读书，后来感动了邻居文不识。最后在大家的帮助下，小匡衡终于学有所成。在汉元帝时期，经大司马、车骑将军史高推荐，匡衡被封郎中，迁博士。

车胤，字武子，晋代南平（今湖北省公安市）人，从小家里一贫如洗，但读书却非常用功，"家贫不常得油，夏月则练囊盛数十萤火以照书，以夜继日焉"。车胤囊萤照读的故事，在历史上被传为美谈，激励着后世一代又一代的读书人。

坚持不懈，笨人也会具备神奇的本领。贵在专注、专心和恒久。万丈高楼平地起，高级功夫皆由点滴积累而成。只要自己有一颗恒久之心，能够坚持下去，不折不弯，不动不摇，就一定能战胜各种挫折。

无论从事何种事业，欲成为佼佼者，必须在漫长的岁月中恒久地坚持。就算是愚笨之人，也会在天长日久的坚持与思考中开悟：用力日久，

豁然贯通,最终达到"得乎心,应乎手"的自由境界。

英国物理学家布拉格,小时候家里很穷,凭借着对梦想的不懈追求,通过顽强的努力,他终于取得了很大的成就。他曾经历的那段贫穷的岁月,成了日后激励他前进的动力。

他在学校读书时,因为家里经济条件太差,他常常是衣衫褴褛,一双过大的皮鞋穿在他的脚上看起来十分可笑,但他并不因此自卑。原来这双鞋是他父亲寄给他的。父亲在给他的信中这样写道:"儿呀,真抱歉,但愿再过一二年,我的那双皮鞋,你穿在脚上不会显得那么大。……我抱着这样的希望,你一旦有了成就,我将引以为荣,因为我的儿子是穿着我的破皮鞋努力奋斗成功的。……"这封寓意深刻、充满期望的信,一直是一股无形的力量,推着布拉格在科学的崎岖山路上,踏着荆棘前进。

法国启蒙思想家布封曾说:"治学问,做研究工作,必须持之以恒……"的确,我们无论干什么事,要取得成功,坚持不懈的毅力和持之以恒的精神都是必不可少的。

《易经》认为,君子应该像天宇一样运行不息,即使颠沛流离,也不屈不挠;这样的人是真正刚强的大丈夫。在所有的事业当中,凡有所建树者都具有持之以恒、自强不息的精神。

达尔文二十年如一日地研究生物学,无论在风急浪高的远洋考察船上,还是在条件简陋的实验室里,最终发现了生物进化的规律。门捷列夫在各方面人士都反对的情况下,仍坚持研究,终于制定了完备的元素周期表。还有法拉第电磁感应定律的提出,孟德尔遗传规律的发现,哪一样不是长期坚持不懈的结果?

科学研究如此,其他方面也是如此。

齐白石15岁时,迷上了雕花木工,他去向一位篆刻师傅求教。篆刻师傅告诉他:"你挑来一担石头,刻了磨,磨了刻,等到这些石头都变成了泥浆,你的印也就刻好了。"齐白石真的挑来一担石头,夜以继日地练习篆刻,磨了再刻,刻了再磨。日复一日,年复一年,齐白石的手上磨出了血

泡，地上沉积的泥浆也越来越厚，最后，统统"化石为泥"了，而齐白石也逐渐练成了炉火纯青的篆刻功夫。

还有歌德六十年坚持不懈，最终创作了鸿篇巨制《浮士德》；贝多芬失聪后依然坚持不懈，最终创作出了伟大的《命运交响曲》……一个人如此，一个民族、一个国家更是如此。十四年抗战，中国人民始终坚持不懈，即使在最困难的时刻也未放弃，最终打败了侵略者，取得了胜利。

综上所述，无论什么人，无论干什么，要取得成功都必须坚持不懈。正如马克思所说，"在科学上没有平坦的大路可走"，在向目标前进的过程中，坚持不懈的精神必不可少。

一个对理想充满真诚之心的人，是不可以有一天偷懒的，需为了理想的实现而每日努力。"每天坚持！"这句话说起来简单，做起来甚难。人都是有惰性的，往往为偷懒找种种借口，自己欺骗自己，为逃避每天的努力找一个自我安慰的理由；而真正能做到终生力行，一日不隔，风雨无阻的，少之又少。但要知道，这种坚持所产生的威力是惊人的，足以造就任何领域的大师，也足以使任何人达到令人惊叹的地步。我们智慧的先人就非常注重这种长期的积累所产生的力量，我们也应该传承这种智慧。

心灵悄悄话
XIN LING QIAO QIAO HUA >>>

无论干什么，越到最后越艰难，越容易使人放弃。在做一件事的过程中，如果只是浅尝辄止，在困难面前没有"挺住"，就只能半途而废。

成功的秘诀在于永不放弃

并不是每一种灾难都是祸,成长的逆境往往是福。一个人若能够默默忍受等待带来的苦难,把焦虑转化为历练,这就是大智慧。如果等不及,就永远也等不到。不到最后一刻,千万别放弃。

鲚鱼喜欢吃鲦鱼,鲦鱼总是躲避鲚鱼。有位生物学家做了一个试验:用玻璃板把一个水池隔成两半,把一条鲚鱼和一条鲦鱼分别放在玻璃板的两侧。开始时,鲚鱼渴望吃到鲦鱼,飞快地向鲦鱼发起进攻,可一次次都撞在玻璃板上,被撞得晕头转向。撞了十几次之后,鲚鱼失去了信心,不再向鲦鱼那边游去。当实验者将玻璃板抽出来之后,鲚鱼也不再尝试去吃鲦鱼了,放弃了本来可以达到目的的努力。几天后,鲦鱼因为得到生物学家供给的鱼料,依然自由自在地在水中畅游,而鲚鱼却翻起雪白的肚皮漂浮在水面上死去了。

鲚鱼和鲦鱼的故事让我们明白:朝着自己需要的目标坚持下去,再试一次,也许就能成功。成功的秘诀在于永不放弃,凭借这个秘诀而成功的人多不胜数。

被称为"经营之神"的松下幸之助,十四五岁时去一家电器公司应聘,总经理看他衣衫褴褛,羸弱瘦小,就随便说:"你过两个月再来吧!"两个月后,总经理又推辞说:"你懂电脑吗?"他学了两个月电脑后又去应聘,总经理无奈地对他说:"出入我们公司的人都很绅士,你这样怎么能要你?"松下就拿出了所有的积蓄,买了一身漂亮的制服再次去应聘,总经理终于欣赏地说:"看你这韧劲,我们也不能不要你啊。"

自古成功多磨难。松下从一个平凡的人成为一个领域的英雄，就因为他能够在逆境中抓住机遇，在绝境中选择永不放弃，用执着创造了奇迹。"绝境，是天才的进步阶梯，信徒的洗礼之水，能人的无价之宝，弱者的无底之渊。"

乔丹有一句名言："我可以接受失败，但无法接受放弃。"这就是他成为美国最伟大的篮球运动员的秘诀。

一个人之所以能成就功业，就是因为他能承受得住无数大大小小坎坷的打击，面对挫折不折腰，面对困难不低头，面对磨砺不言苦，面对失败不放弃，把平淡的生命衍化为激昂的人生，谱写出岁月最为铿锵的旋律。

有一位农民，初中只读了两年，就辍学回家，19岁时，家庭的重担全部压在了他的肩上。他要照顾身体不好的母亲，还有一个瘫痪在床的祖母。20世纪八十年代初，农田承包到户。他向亲戚借了500元，养起了鸡。但是一场洪水后，鸡得了瘟疫，几天之内全部死光。500元钱对别人来说可能不算什么，对一个只靠三亩薄田生活的家庭而言，不啻天文数字。他后来酿过酒、捕过鱼，甚至还在石矿的悬崖上帮人打过炮眼。55岁的时候，他还想搏一搏，就四处借钱买了一辆手扶拖拉机。不料，上路不到半年，这辆车就载着他冲入一条河里。他断了一条腿，成了瘸子。那拖拉机被人捞起来，已经支离破碎了。

但后来，他却成为一家公司的老总，拥有两亿多的资产。现在，许多人都知道了他苦难的过去和富有传奇色彩的创业经历。

有记者问他："在苦难的日子里，你凭什么一次又一次毫不退缩？"他不急于回答，坐在宽大豪华的老板台后面，喝完了手中的一杯水。然后，他把玻璃杯握在手里，反问道："如果我松手，这只杯子会怎样？"记者说："摔在地上，碎了。""那我们试试看。"他说完，手一松，杯子掉到地上发出清脆的声音，但并没有破碎，而是完好无损。他说："即使有10个人在场，他们都会认为这只杯子必碎无疑。但是这只杯子不是普通的玻璃杯，而

是用玻璃钢制作的。"

　　这是一段经典的对话。这样的人，即使只有一口气在，他也会努力去拉住成功的手，除非上天剥夺了他的生命。

　　一位哲人说过，逆境是一所大学校。当我们身处逆境或遭受挫折的时候，无须怨天尤人，更不必悲观消沉，而应该把这一切都当作磨炼自己的绝好机会，坚韧执着，奋发图强，必有所成。有时候，必须有前面的苦心经营，才有最终的偶然相遇。不要轻言放弃，再坚持一下，就能梦想成真了。

心灵悄悄话
XIN LING QIAO QIAO HUA >>>

　　每个人都有梦想，所缺的只是将梦想付诸实施的勇气和毅力。世上没有真正的天才和蠢材，有的只是有没有信心实现梦想的差别。真正的天才会跨越一切困难把梦想付诸实现。

第三篇 >>>

坚持不懈，方见成功

当理想照进现实，在竞争激烈的今天，"有信心，不放弃"，是现代社会中人们追求成功所需要的精神动力，坚持不懈，方见成功，这简单的成功法则将给予每个人最强大的动力、最坚实的支持。一个真正想获得成功、拥有幸福的人，就应该生命不息，奋斗不止，失败是成功之母，不放弃内心的坚持，成功就在前方。

无论上天摆在我们面前的，是怎么样的一份境遇，都要坚持到底，因为我们已深知成功的秘诀，那就是：一直坚持不懈，直到成功！

世界上没有永远的失败

人无完人，一个人总会犯错误，也总会经历失败。人人都向往着成功，但有的人失败了还在向往着成功，也有的人因为惧怕失败而与成功无缘。其实，失败并不代表什么，只要继续努力，胜利终将属于锲而不舍的人。

每个成功者都曾经失败过，但他们并不相信自己是永远的失败者，否则，他们就不可能获得成功。一个真正的成功者，在面对打击、挫折时，刚开始可能也会失望、消沉，甚至有过放弃的念头，但他们肯定会慢慢地调整自己的态度，最后走到正确的轨道上，所以才收获了成功的果实。因为只要奋斗就会进步，就有成功的希望。

其实，在这个世界上，没有永远的失败，失败的往往是我们对待问题的方法和态度。所以，很多时候，埋没天才的不是别人，恰恰是自己。

所谓进步就是在不断的失败中前进的过程，所谓成功就是用无数次失败的经验创造出的结果。这也提醒一些因成功而遭失败的朋友们，一定不要沉沦，另辟一条新路，再打造一个全新的自我，避其锋芒，在失败中重新站立。

要知失败意味着成功，成功也意味着失败。

从一名普通的报社抄写员到著名的幽默漫画作家，欧玛·贝庞的经历颇具传奇色彩。她很早就投入了新闻业，她的第一份工作是担任一家城市小报社的抄写员。当时她还是一名少女，该报社的一名管理者曾经劝她说："放弃写作吧，这并不适合你。"她拒绝接受这个建议，不久后就

进入了俄亥俄州立大学读书，后又转入代顿大学，并在 1949 年获得了硕士学位。毕业后，她正式开始了自己的写作生涯——负责报纸的广告版和女士版的写作。

然而就在刚刚有所希望的时候，她遭受了重大的打击。她在这一年结婚了，婚后，她最渴望的就是拥有自己的孩子，但医生却告诉她她不能怀孕，这对一个女人来说是多么大的打击啊！两年后，正当她从失望的阴影中走出来，开始专心工作的时候，却惊奇地发现自己怀孕了。但这并没给她带来好运，等待她的是更多的挫折和打击。因为在后来的两年里，她共怀孕了 4 次，但只有两个孩子存活了下来，而她也差点因为难产而丧命。

1964 年秋，她终于说服了另一家城市小报的主编，让她负责撰写该报的幽默专栏。尽管每篇稿件的稿酬只有 5 美元，但她还是对这份得来不易的工作充满了热情。一年之后，她又在另一家报纸上开辟了自己的幽默专栏。从 1964 到 1967 年的五年时间里，她的文章和画作相继在 900 多家报刊上刊登发表。

在去世前的 30 多年时间里，欧玛·贝庞一直从事着自己热爱的幽默专栏写作，担任了许多家报刊的专栏作家。她先后出版了 15 本书，还经常亮相《早安，美国》。就在去世的前几周，她仍坚持在报刊上发表幽默连环画作品。

生前，欧玛·贝庞曾多次被邀请到著名大学去演讲。在演讲中，她曾无数次对观众讲起这样一段话："现在我站在讲台上而你们在台下，并不是因为我的成功。相反，正是因为我的失败，我失败的次数比你们多，受到的打击比你们多——我的一本喜剧集在贝鲁特只卖出了 2 本；我历经两年为百老汇写的电视剧本从未展现在百老汇的舞台；我的一次新书签售会上，总共只有两个人参加，其中一个想问我卫生间在哪里，另一个想买我用的桌子……你必须告诉自己：'我不是一个失败者，我只不过是没有把某件事情做好。'这是两种完全不同的态度，等待你的也将是两种截然不同的结果。不管是我的个人生活还是职业生涯，都是一条崎岖而坎

坷的道路,我曾经求职失败,工作中受打击,遭遇生育难题,失去父母……但我都扛过来了,要不然我现在也不会站在这里,甚至可能早已告别世界。"

生命是一个奇迹,不论身处顺境还是逆境,我们都需要不断提醒自己这一点。如果你现在正处于人生的低潮,请不要畏惧你的失败和面前的困难;如果你现在正享受胜利的喜悦,也请继续努力,还有更高的山峰等待你去攀越。

心灵悄悄话
XIN LING QIAO QIAO HUA >>>

在这个世界上,并没有绝对的失败,失败的注注是我们对待问题的方法和态度。

失败是成功之石

人生之路充满坎坷，一个人不可能永远一帆风顺，难免会遇到挫折。遇到挫折并不可怕，重要的是你如何面对它。学会正确看待失败，与学会创造成功一样重要，这既是一种积极态度的体现，也是一种成功的基本素质。

在几年前美国 CNN 的一次电视访谈节目中，著名的节目主持人：大卫·布林格林向《纽约时报》的"解疑"专栏作家安·兰德斯提了一个最简单的问题——读者最常问的问题是什么？兰德斯的回答是"我怎么了"。兰德斯的回答非常真实、客观，现场的观众反应热烈。

兰德斯的回答在相当程度上反映了人类的天性——人们很难真正了解自我，并且对自己充满怀疑。然而，从某种角度来说，这种怀疑又是必要的，是进行自我反思的一个过程。如果一个人能在自己遭受挫折和打击之后及时进行反思，就非常有利于他正确地看待挫折和打击，从而改变对失败的错误理解，促进自己树立和保持正确积极的态度。

不愿面对失败的人，永远都不会成功。而敢于面对失败的人，即使最后失败了，也仍旧是一个胜利者，因为他懂得如何对待挫折。不敢面对挫折的人，是一个缺乏自信的人，因为一个自信的人是不会在意自己的失败的，他对自己充满信心，知道自己最终会胜利。人只要多一分自信，就会更坦然地面对挫折。

该亚·博通早年埋头于发明创造，他先是发明了脱水肉饼干，但却未给他带来多少好处，相反，却使他在经济上陷入窘境。有了第一次失败的教训，又经过两年反反复复的试验，他终于又制成了一种新产品——炼乳，并决定把它推向市场。

博通发明的炼乳，是一种纯净、新鲜的牛奶，牛奶中的大部分水分已在低温中利用真空抽掉了。当博通为他的制造方式寻求专利权时，得到的答复是产品缺乏新意，并且，专利局官员告诉他，在已批准的专利申请存档中已经有数十种"脱水乳"的专利权，其中包括一种"以任何已知方法脱水"。博通并不甘心，又一次提出申请。但他的第二次申请又再度被驳回，因为专利官员判定"真空脱水"并非是必要的过程，博通只是被认为制作态度比较谨慎而已。第三次申请仍被拒绝，理由是博通未能证明"从母牛身上挤出的新鲜牛奶在露天地方脱水"与其他制作方式的不同点与优势。

虽然三次申请都被驳回，但这并未把博通击倒。他对专利权仍然穷追不舍，因为他坚信他的创造。最终，他的第四次申请被通过了。

然而，虽然有了专利权，推销新产品也不是一帆风顺的。博通的工厂是由一家车店改造的，租金便宜，刚开业时，博通每天花费18个小时在厂里指导炼乳的生产方法，监督生产程序，检查卫生清洁情况。由于附近有纯正、营养丰富的牛奶供应，因而炼乳的成本较低。

于是，博通小心地挑选一位社区领导做他的第一位顾客，因为这位社区领导对炼乳的意见会有助于巩固新公司及其新产品在该地区的地位，而且这位社区领导对产品也表示了赞赏。但是，当时当地的顾客习惯的是把掺有水分的牛奶放入一些发酵品，进行蒸馏，他们只觉得炼乳稀奇古怪，对它有疑心，所以，很少有人问津。出师屡屡不利，甚至到了山穷水尽的地步——博通的两位合伙人都失去了信心，第一家炼乳厂被迫关闭了。

在失败面前，该亚·博通破釜沉舟，又建起了新厂。也许是他的努力感动了上帝，他的第二次尝试最终获得了成功。直到该亚·博通逝世时，他的公司已根深蒂固地成为美国具有领导地位的炼乳公司。博通的创业

奋斗奠定了现代牛奶业生产的基石。

在博通的墓碑上,有这样一段墓志铭:"我尝试过,但失败了。我一再尝试,终于成功。"这正是对他一生的总结,对每个渴望成功的人也是一种激励。

不必担心未来的结果,只要仔细检查眼前的步伐有没有错误失算,走一步便修正一步,并学会坦然面对我们迈出的每一步,那么当我们站在终点时,自然能站立得踏实又稳健。

人的一生难免会遇到失败与挫折,我们每个人都可以像克雷洛夫一样,善于自我调侃,不要害怕我们跨出的第一步,把难堪的窘境当成人生的必然经历。

美国成人教育家卡耐基经过调查研究认为,一个人事业上的成功,只有15%在于其学识和专业技术,而85%靠的是心理素质和人际关系。

对于心态积极的人来说,失败不是打击,更不是灾难,而是成长的阶梯。每一次失败后,都应该让自己学会尽快地从不愉快的经历中解脱出来,尽快丢掉一切可能会阻碍自己前进的思想包袱。

一个人若是在思想上认为自己是失败者,是不幸的人,那么他就不可能全力以赴地去做事情,而等待他的将是更多的失败。

每一个困难与挫折,都只是生活中必然经历的跌跤动作,我们不必太过惊慌或难过,只要拥有小时候那种不怕跌倒的勇敢精神,鼓励自己站起来,拍拍灰尘,然后继续前进,或许下一步,我们就能踏着沉稳的步伐,朝着人生的新目标前进。

心灵悄悄话
XIN LING QIAO QIAO HUA >>>

在成功的路上,一次失败就是一次经验,一次失败就是一次磨炼,一次失败就是一块通向成功的铺路石。

成功在于坚持

坚持，是一个人意志的展现，是一种品质，坚持是一种积极向上的生活态度，是获得成功的一种方式。坚持是一种自豪，更是一种勇气，需要我们去培养。没有自信的人不愿坚持，没有勇气的人不敢坚持。下面这个故事很好地诠释了坚持的含义。

世界上没有比脚更长的路，比人更高的峰。只要坚持，再长的路，也能走到尽头；再高的山，也能攀到顶峰；再硬的石头也敌不过水滴百年，再傲的峭壁也挡不住浪打千回……一句话：坚持就是胜利。

河水奔流不息，是因为它能坚持，无论山岭阻拦，无论沙漠阻隔，终有大海容纳的时候。船舶劈波斩浪，是因为它能坚持，无论狂风巨浪，无论险滩暗礁，前面一定有它停靠的港湾。

1987 年，她 14 岁，在湖南益阳的一个小镇卖茶，1 毛钱一杯。因为她的茶杯比别人大一号，所以卖得最快，那时，她总是快乐地忙碌着。

17 岁，她把卖茶的摊点搬到了益阳市区，并且改卖当地特有的"擂茶"。擂茶制作比较麻烦，但也卖得出价钱。那时，她的小生意摊总是一派忙碌景象。

20 岁，她仍在卖茶，不过地点又变了，在省城长沙，摊点也变成了小店面。客人进门后，必能品尝到热乎乎的香茶，在尽情享用后，他们或多或少会掏钱再拎上一两袋茶叶。

长达十年的光阴，她始终在茶叶与茶水间滚打。24 岁时，她已经拥有了 37 家茶庄，遍布于长沙、西安、深圳、上海等地。福建安溪、浙江杭州

的茶商们一提起她的名字，无不竖起大拇指。

30 岁，她最大的梦想实现了——"在本来习惯于喝咖啡的国度里，也有洋溢着茶叶清香的茶庄出现，那就是我开的……"她已经把茶庄开到了新加坡。

历史上许多伟人的成功也源于其坚持不懈的精神。达尔文 20 年如一日地研究生物学，无论在风急浪高的考察船上，还是在条件简陋的实验室里，他始终坚持不懈，最终发现了生物进化的规律；门捷列夫在各方人士反对的情况下，始终坚持不懈，终于制定出完备的元素周期表；还有法拉第电磁感应定律的提出，也是长期坚持不懈的结果；贝多芬失聪后依然坚持不懈，创作出了伟大的《命运交响曲》……由此可见，成功在于坚持不懈。

成功没有秘诀，贵在坚持不懈。任何伟大的事业，成于坚持不懈，毁于半途而废。其实，世间最容易的事是坚持，最难的，也是坚持。说它容易，是因为只要愿意，人人都能做到；说它难，是因为能真正坚持下来的，终究只是少数人。

香港电影明星梁家辉从艺 20 多年以来，一直勤奋打拼，最初从跑龙套开始，浮浮沉沉，半红不红，正因有一股不屈的忍耐力支撑着，他才终于修成正果，获得了三次金像奖。在表演生涯之外，梁家辉还是香港著名的专栏作家，隔天发表一篇专栏，坚持了 20 多年，此外，他还参与编剧。

梁家辉这么多年是一步一步修来的，是委屈、汗水、努力、坚持等浇灌出来的花，开得不算很鲜艳，但是开得却相当坚强。

骐骥一跃，不能十步；驽马十驾，功在不舍。同样，成功的秘诀不在于一蹴而就，而在于你是否能够持之以恒。当困难绊住你成功脚步的时候，当失败挫伤你进取雄心的时候，当重担压得你喘不过气的时候，不要退缩，不要放弃，不要裹足不前，一定要坚持下去，因为只有坚持不懈才能通

向成功。

在通往成功的道路上，那些咬咬牙挺过来的人，才会理所当然地获得认同与成功。上帝是公平的，天道酬勤。去问问那些终有所成的伟人们是怎么看待早年的坎坷的？他们的回答肯定是感谢苦难，也感谢自己当年的坚持。运气人人都会有，但上帝没有告诉你它具体的到来时间，有些人遇到运气的时间早一点，煎熬少一点，有些人遇到运气的时间晚一点，也更辛苦一点，但同一个前提是你必须一直在努力，再艰苦也要坚持着，否则上帝不会垂青于你。

人的一生又何尝不是如此？经过无数绿肥红瘦的日子，前方的路充满荆棘和考验，从"昨夜西风凋碧树，独上高楼，望尽天涯路"到"衣带渐宽终不悔，为伊消得人憔悴"，再到"众里寻她千百度，蓦然回首，那人却在灯火阑珊处"，无论在哪个阶段，都应该坚持，坚持领悟人生，坚持不懈努力。只有如此，你到暮年的时候，细细回想起来，才会觉得没有虚度曾经美好的年华，才会觉得自己的整个生命都充满价值，才会感谢坚持令你实现了人生的梦想与愿望。

心灵悄悄话
XIN LING QIAO QIAO HUA >>>

当困难绊住你成功脚步的时候，当失败挫伤你进取雄心的时候，当压力压得你喘不过气的时候，不要退缩，不要放弃，不要裹足不前，一定要坚持下去，因为只有坚持不懈才能取得成功。

规划你的目标

人生是一趟旅行,没有返程票。时间就是生命,人生何其短暂,请珍惜有限岁月,活出自己,活出价值。人生之路要自己走,要过怎样的人生,完全是自己的选择,只有自己才能赋予生命最佳的诠释。

人生像一场戏,不同的场合、不同的阶段,你要扮演不同的角色,重要的是,无论演什么,都要像什么。人生的愿望在于:成为自己的老板,掌握自己的命运,主宰自己的时间,创造自己的快乐,追求自己的幸福。人生最重要的事,不是您现在站在何处,而是您今后要朝哪个方向走去,只要方向对,找到路,就不怕路远。

有人说,人生就像一盘棋,它所走的每一步都决定着下一步的方向,要实现崇高的理想,就得选准主攻方向。"九层之台,起于垒土"。要实现崇高的理想,就得打好坚实的基础。我们伟大的领袖周恩来总理,早在天津读初中时就立下"为中华之崛起而读书"的壮志。

人贵有自知之明。我们在选择目标时,一定要知自己之长短,知环境之利弊,扬长避短,兴利除弊。历史上很多理想落空者,不是缺乏热情和才能,而是没有找准具体目标,于是东一榔头西一棒,最终还是一事无成。

一个人的精力是有限的,把精力分散在好几件事情上,不仅是不明智的选择,更是不切实际的考虑。专心地做好一件事,你就能有所收益,突破人生困境。

在对一百多位在其所在行业获得杰出成就的男女人士的商业哲学观点进行分析之后,著名行为学者哈迈尔发现了这个事实:他们每个人都在很早的时候就对自己的人生做了明确的规划,做一个有舵的轮船。不然

会在浩瀚的大海中摇摆不定。

有了目标,内心才有力量,茫无目标的前进终归会迷路或者半途而废。给自己制定一个目标,让目标吸引你前进。

在西撒哈拉沙漠中有一个小村庄叫比赛尔,它在没有被发现之前,还是一个人迹罕至的地方,那里的人也没有一个走出过大漠。据说他们不是不愿意离开那儿,而是他们尝试过很多次都没能走出去。当一个西方人到了那儿,听说了这件事后,他决心做一次试验。他从比赛尔村向北走,结果三天半就走出来了。后来,他揭示了比赛尔人之所以走不出大漠的原因,是因为他们不认识北斗星。因此,他告诉当地的一位青年,要想走出大漠,只要白天休息,夜晚朝着北面那颗星走,就能走出大漠。那个青年照着他的话去做,三天后果然来到了大漠边缘。

青年人也因此成了比赛尔的开拓者,他的铜像被竖在了小城中央,铜像的底座上刻着一行字:新生活从选定目标开始。

一个人没有目标,就像一艘轮船没有舵一样,只能随波漂荡,不能把握方向,最终要么搁浅,要么因绝望而消沉在海滩上。

做事有明确的目标,不仅会帮助你培养出能够迅速做决定的能力,还会帮助你把全部的注意力集中在一项工作上,直到你完成了这项工作为止。成功的人都能够迅速而果断地做出决定,他们总是首先确定一个明确的目标,并集中精力、专心致志地朝这个目标努力。

伍尔沃斯的目标是要在全国各地设立一连串的"廉价连锁商店",于是他把全部精力用在这件工作上,最后终于达成了这一目标,而这一目标也使他成为成大事者。

所以一个人要想成就一番事业,就应该有一个明确的奋斗方向。沙漠中没有方向的人只能徒劳地绕着一个又一个圈子。对沙漠中的人来说,新生活是从选定方向开始的;而对奋斗中的人来说,成功的起点从确定目标开始的。

　　"飞人"迈克尔·乔丹举世闻名，有"篮球上帝"之称，是 NBA 历史上最伟大的球员。是什么因素成就了他在篮球领域超凡绝伦的表现和成就？天分？球技？抑或是策略？乔丹说："NBA 里有不少有天分的球员，我也可算是其中之一，可是造就我跟其他球员截然不同的原因是，你绝不可能在 NBA 里再找到像我这么拼命的人。我只要第一，不要第二。"

　　到底迈克尔·乔丹拼命的动力是怎么来的？从他如何应对高中一年级时篮球场上的一次挫折，便可见一斑。因为这个挫折，他决心向命运的不公发起挑战。就是在这个目标的推动下，飞人乔丹一步步成为全州、全美国大学，乃至 NBA 历史上最伟大的球员。他在篮球领域树立的丰碑，几乎不可能被超越。

　　乔丹刚上高一时，由于身高不够，被学校篮球队退训。回到家后，他伤心极了。在这个重大打击下，很多人可能就此决定不再打篮球了，可是乔丹没有这么做，他反而把这个挫折转化为动力：为自己订立一个更高的追求，更宏远的目标。他的决定发自内心，坚决而果断。正是这种坚定的信念，改变了他自身的命运，也在篮球领域刮起了一场革命性的风暴。他不仅要重新成为球队的一员，并且还要成为最棒的。

　　为了实现这份雄心壮志，他循着每位成功人士的轨迹：设定目标，随即付诸行动。在升高二之前的暑假中，他恳请校队教练克里夫顿·贺林的帮助，每天清晨六点钟便在他的指导下进行密集训练。因为他迫切想要早日达成心愿，因而每天在学校的攀爬架上勤练，企图使自己身高增加以求在比赛中更占优势。密集训练期间，这位崭露头角的伟大球员身高长到六英尺二英寸。

　　乔丹每天勤练不辍，当时机到来，他终于入选校队参加比赛。十年之后，他的成功证明了 NBA 芝加哥公牛队教练道格·柯林斯的见解：当准备得越充足，幸运就越会跟着来。有很多人不愿意给自己定目标，因为害怕失败引致失望，然而他们却不晓得"设定目标乃是成功的基石"。之所以如此说，是因为设定目标可以坚定我们的信念和意志，使我们朝着所希

望的目标稳步前行。

我们要有一个明确的奋斗目标，有了这个目标的指引，你就会感到肩上的责任，你就会有一种使命感，你就不会随意浪费一分钟时间，你就不会无所事事。

确立目标的好处之一，是你将拥有难以置信的不可抗拒的力量。目标可以激发你积极的心态，释放出巨大的能量，让你集中注意力，聚焦能量。目标能够帮助你把自己看得更清楚，给你开始的勇气和持续的耐心。

林肯专心致力于解放黑奴，因此成为美国最伟大的总统。李斯特在听了林肯的一次演讲后，内心充满了成为一名伟大律师的欲望，他把全部心力专注于这项目标，结果成为美国最伟大的律师之一。

从他们的成功历程可以看出，所有成大事的人物，都把某种明确而特殊的目标当作他们努力的主要推动力。专心就是把意识集中在某一个特定欲望上的行为，并要一直集中到找出实现这项欲望的方法，而且将之付诸实际行动。人生规划对于一个人有多么重要！一个好的人生规划价值亿万金。规划的第一步，是找到人生的梦想！一个人的生涯是漫长的，我们将其划分为不同的阶段，明确每个阶段的目标，事先做好规划，对更好地实现自己的人生价值将是很有好处的。

那么，你准备好了吗？是否打算认真规划自己的人生？或者教导你的孩子规划好自己的人生？始终以良好的心态面对未来，你一定会有成功的那一天！

心灵悄悄话
XIN LING QIAO QIAO HUA >>>

一个人要成功，就要有明确的目标和"一定要"达到目标的决心。在成功之路上需要一个明确的限时进度表。设立目标必须通过严谨的思考和精密的测算。而目标设立后，绝不能轻易放弃和改变。

一生做好一件事

　　科学实验证明，人脑有不少于一百四十亿个细胞，即使如牛顿、爱因斯坦这样的伟人，他们大脑潜力的开发都还不足 10%。可见，一个人一生做好一件事并不难，重点是能否有坚持到底的毅力。有的人只顾眼前，今天干此，明天做彼，做什么都半途而废。结果，到头来只落得两手空空、一事无成。曾经看过一幅漫画，一个人凿井，凿了几米，见水没出来，就又去另一处地方凿，眼看水要出来了，他却又放弃了……如此折腾了好几次，他筋疲力尽，然而清澈的井水还是没有冒出来。这个故事告诉人们，与其花费许多时间和精力开凿很多浅井，不如用同样的时间和精力凿一口深井。

　　明智的人懂得把全部的精力集中在一件事上，唯有如此方能实现目标；明智的人也善于凭借不屈不挠的意志、百折不回的决心以及持之以恒的耐力，在竞争中获得胜利；能真正有所建树、有所成就的人，也无不是心无旁骛地投入于自己的"一件事"。什么事情都做，不如集中全部时间和精力做一件事，把一件事情做成功了、做精了，您便成了权威和精英，便成就了卓越的事业。

　　有一位作家应邀参加笔会，坐在她身边的是一位来自匈牙利的年轻的男作家。她衣着简朴，沉默寡言，态度谦虚。男作家不知道她是谁，认为她只不过是一名不入流的作家而已，于是有了一种居高临下的心态。

　　"请问小姐，你是专业作者吗？"

　　"是的，先生。"

"那么，你有什么大作发表吗？能否让我拜读一两部？"

"我只是写写小说而已，谈不上什么大作。"

男作家更加确信自己的判断了。他说："你也是写小说的？那我们算是同行了，我已经出版了339部小说，请问你出版了几部？"

"我只写了一部。"

男作家有些鄙夷地问："噢，你只写了一部小说。那能否告诉我这本小说叫什么名字？"

"《飘》。"女作家平静地说。狂妄的男作家顿时目瞪口呆。

那位女士就是玛格丽特·米切尔，一生中只发表了《飘》这部长篇巨著。她从1926年开始着力创作《飘》，10年之后，作品问世，一出版就引起了强烈的反响——它被译成18种文字，传遍全球，至今畅销不衰。《飘》在1957年获普利策奖。1938年拍成电影，该电影曾以《乱世佳人》的译名在我国上映。

而这则典故中那个自鸣得意的小作家，连同他的几百篇小说恐怕早被淹没在滚滚历史的浪潮中，被冲逝得无影无踪了。

玛格丽特·米切尔的父亲曾经给予女儿这样的忠告："每一件事都要认真地做到最好。人生不一定要做很多事情，但是，至少要做好一件事情，因为质量远比数量来得重要。"

玛格丽特·米切尔听从了父亲的忠告，把人生的"一件事"做得彻底，做到了极致，做到了完美，取得了惊世的成就。

一生做好一件事这个标准似乎不高，但要真正干好一件有意义有价值的事，仔细想想也不是那么简单的。一生只做一件事，把一件事做透，是成功人生的一条捷径，千万不要以为机会遍地都是，人一辈子大量的活动其实都只是铺垫，真正起决定作用的就只有几次。当你抓住一个机遇时，再难也不要松手，也许完成这件事，就奠定了你这一生的价值。

法国马赛有一位叫多梅尔的警官，为了缉拿一个奸杀女童的罪犯，查

阅了累计十几米高的文件和档案，足迹踏遍四大洲，打了50多万次电话，行程多达80多万公里。因为他没有时间陪伴家人，先后两任妻子都离他而去，但他仍矢志不渝，经过52年漫长的追捕，终于将罪犯捉拿归案。当他用手铐铐住凶手时，已经是73岁高龄。有人问他这样做值吗？他回答说："一个人一生只要干好一件事，这辈子就没有白活。"

古语说：十鸟在林，不如一鸟在手。一个人的生命是短暂的，我们只能聚焦到一点上，力求一生做好一件事。去挖掘生命的深度，而不是忙忙碌碌，把精力用在其他毫无意义的地方。

一生做好一件事情——决定你是平庸还是卓越的聚焦法则。

每个人一生的梦想和欲望都有很多，你要在懂得选择的同时，学会放弃一些，如果你能够认真区分并减去那些并不是很重要的事情，从而一生专注于去实现一个目标，那么，你的人生之路将会变得清晰而简单，你会加速自己成功的步伐，创造生命的奇迹。

心灵悄悄话
XIN LING QIAO QIAO HUA >>>

世上看起来可做的事情有很多，与其把精力消耗在许多毫无意义的事情上，还不如看准一项适合自己的重要事业，集中所有精力，埋头苦干，全力以赴，这样一定可以取得杰出成绩。抛却过多的贪欲，尽量简化生活，一生只做一件事！

不要抛弃自己内心的坚持

世界上有这么一种人，似乎特别得到老天爷的偏爱——他总是有自己的理想，并且总是努力去做，最重要的是，老天爷每一次都会帮他取得成功。是不是很令人羡慕？其实，每个人的人生各不相同，每个人都可以打造自己别样的人生。

一个人内心坚定，才可能获得精彩而非轻佻的人生。一个幸福的愿望可以得到全世界的协助，内心的坚定会帮助你积聚来自外界的能量。而一个内心空虚的人，又如何凝聚力量来实现自己的愿望？

某次，英国首相丘吉尔被邀请到大学演讲一个关于成功的话题。这件事轰动了欧洲，因为丘吉尔本身就是一个顶尖级的成功人士，而他演讲的话题又是关于成功的"秘诀"，很难得。会场被挤得水泄不通。

演讲开始，全场掌声雷动。然而，丘吉尔只说："成功的秘诀有三个……"说到这里便沉默了。场下异常安静，人们纷纷准备记录。"第一个，是绝不放弃。"话语坚定有力、简练精当。人们在兴奋中静听下文。丘吉尔接着用缓缓的语调说："第二个，是绝不、绝不放弃！"全场在期待着。"第三个，是绝不、绝不、绝不放弃！"丘吉尔大声地说。而后他穿上大衣戴上帽子离开了会场。整个会场顿时鸦雀无声，一分钟后，掌声雷动，经久不息。

一个人内心的坚定胜过任何技巧。当你的内心强大时，才可以做出理智的判断和选择，并尊重自己的选择和原则，坦然面对人生中的挫折。

法国大作家巴尔扎克年轻的时候，决心从事文学创作，但是，他全家都不同意，认为他不是当作家的材料。由于他的坚持，父母同意给他一年时间，提供他一切方便，让他从事写作。一年过去了，他什么也没有写出来，父母不再支持他，让他自力更生，自谋出路。他在极其贫困和艰难的情况下，坚持写作，终于写出了统称《人间喜剧》的100多部小说，跻身于世界最著名的伟大文学家之列。恩格斯认为他的《人间喜剧》所反映的法国社会，比当时所有历史学家、经济学家、统计学家、社会学家的所有著作的总和还多。

一个人没有压力就会轻飘飘的，难以有作为。选择压力，坚持勇往直前，就能成就自己的辉煌。曾经的失败并不意味着永远的失败，曾经达不到的目标并不意味着永远达不到，你可以有自己的梦想，你可以为自己的人生树立一个目标并奋斗。

一生要走多远的路程，经过多少年才能走到终点？梦想需要多长时间才能慢慢实现？只要充满期待，希望就不会幻灭。一个人想干成任何大事，都要能够坚持下去，坚持下去才能取得成功。说起来，一个人克服一点儿困难也许并不难，难的是能够持之以恒地做下去，直到最后成功。

人生有许多"柳暗花明又一村"的时候，在遇到挫折时，你不妨再试一次。在我们的生活中，一个绝境就是一次挑战、一次机遇，如果你不是被失败吓倒，而是奋力一搏，那么你一定会因此而创造超越自我的奇迹。

心灵悄悄话
XIN LING QIAO QIAO HUA >>>

坚持是最重要的成功因素。是上天给所有人最珍贵的礼物。在奋斗过程中即使跌倒了一百次，只要你能够再站起来，坚持到最后，你就是赢家。

不放弃任何可能性

阿基米德曾说过："给我一个支点，我可以把地球撑起来。"这似乎是不可思议的事情，但貌似狂妄的阿基米德并不是真的狂妄，更不是在胡言乱语，按照杠杆原理他完全可以做到这一点。

2004 年，中国健儿在雅典奥运会上取得令人振奋的成绩，创了世界110 米跨栏纪录的英雄刘翔一下子被全世界所关注，各种名号接踵而至，媒体用"奇迹"形容飞人刘翔的成功。是奇迹吗？实则是实力，夺冠早已在刘翔的意料之中，他是用实力说话，并不是偶然碰运气创造了奇迹。

2008 年北京奥运会上，有"神童"之称的美国人——菲尔普斯继续着他的夺金神话，如愿实现了 8 金梦想，不但超越了美国泳坛前辈施皮茨保持 56 年之久的奥运会单届个人金牌数量纪录，也使自己的奥运会金牌总数增加到了 14 枚，无可争议地成为百年奥运会历史上的第一人。

奥运赛场上一切皆有可能，而回顾我们所走过的人生之路，留心我们千姿百态的生活，放眼变幻莫测的大千世界，只要我们坚持不放弃，何尝不是一切皆有可能？

"李宁"的广告词说得好："一切皆有可能。""李宁"这个运动品牌创建于 1990 年，二十余年来，李宁公司由最初单一的运动服装发展到拥有多个产品系列的专业化体育用品公司。现在，"李宁"在中国体育用品行业中已位居举足轻重的领先地位。

当年李宁退役后回到家乡柳州。一名女青年因高考落榜,忍受不了各方面的巨大压力而决心寻短见。李宁得到此消息后,当即亲切地与她促膝谈心,他说:"十年前我的手臂在训练中折断,我因此伤心苦恼。然而,美好的理想与坚定的信念使我下定了战胜困难的决心。一个人只要心中树立奋斗的目标,那么终有一天能够达到胜利的彼岸。"李宁的一席话点亮了一个生命的希望。

李宁是一个善于创造奇迹的人,他也知道人不可能一帆风顺,但他相信坚定的信念可以成就奇迹,所以有了这样一句发人深省的话:"一切皆有可能。"

"一切皆有可能"这句话告诉我们的是:在人生进取的路途中,时常存在意想不到的变量和因素。或者是来自主观的,或者是来自客观的,都可能使原来预定的发展方向发生改变。针对这一点,我们要辩证思维,做出客观分析:既要充分重视主观的能动作用,又要遵循客观规律。

一位哲人曾经说过:"在你心灵的眼睛前面长期而稳定地放置一幅自我肖像,你就会越来越与它相近。"所以,当你从这面镜子中看到作为失败者的自己时,你等于是在走向失败;反之,生动地把自己想象成胜利者,就会为你带来无法估量的力量去迈向成功。

从前有一个小男孩,四处流浪,备受欺凌。一天,他从一个财主家门前经过时被看门的大黄狗咬得鲜血淋漓。他背负着心灵和肉体的双重疼痛,绝望地来到一条两岸花红柳绿的小河边,天昏地暗地放声痛哭了一场后,他认为自己已没有必要再生活在这个冰冷的世界上,于是便呆呆地朝河中央走去。

一个从这儿路过的中年人将他救了起来。他对中年人哭诉了自己的悲惨身世,中年人静静地听完,把他领到河边捡了三块小石头,递给他说:"孩子,这是三块宝石,你拿到宝石市场去卖。但是记住,无论别人出多大的价钱,你都别卖。三天后,我在这儿等你。"

第一天，小男孩把石头拿到宝石市场去卖，连个瞧的人都没有。第二天，他又到市场去卖，倒是有人看了，但只肯出很少的一点钱。第三天，他又到宝石市场去卖，这回看的人多了起来，肯出钱买的人也越来越多，给的价也越来越高，但他牢记中年人的话，始终不卖。人们于是纷纷传说小男孩儿有三颗价值连城的宝石。第四天，小男孩儿高兴地跑去找中年人讲述他三天的经历。

中年人笑着说："孩子，其实你手中拿的是三块很普通的石头，但因为你认为它们是宝石，最终大家都认为它们是宝石了。我们每个人也就像这普通的小石头，你认为你有多大的价值，你就能有多大的价值。生命对于我们只有一次，我们不能轻易放弃。"

很多事实都证明了信心的重要性，只要你认为你能，你就能！也就是说，你认为你有多大的价值，你就能创造多大的价值。

心灵悄悄话
XIN LING QIAO QIAO HUA >>>

如果一个人自己尚且不认可自己，谁还能认可你呢？只有坚定地相信自己的价值，才能真正实现人生价值。

第四篇 >>>

全力以赴，终有所成

人们无论想要在哪些行业和领域取得怎样的进步与成功，在通往成功的道路上永远都不会是一帆风顺的，在前进的道路上总是充满了艰难与挫折；而想要失败和退步，却总是轻而易举——只要不做任何努力，在困难来临的时候主动认输、放弃前进就可以了。任何人要想在生活和事业上获得伟大的成功，都必须全力以赴，并付出坚持不懈的努力，你一定会终有所成。

集中你的主要时间和精力在重要的事情上，不要分散精力，不要因小失大。

成功是每时每刻的全力以赴

人生最重要的是什么呢？核心是自信。自信使人渡过一个又一个难关，信念是战胜困难的勇气。如果你相信你能得胜，你就会得胜。在困难的时候，要看到成绩，要看到光明，要提高我们的勇气。为了取得前进力量，我们就必须拥有一个乐观的心态，信任你自己。

在美国西雅图的一所著名教堂里，有一位德高望重的牧师戴尔·泰勒。有一天，他向教会学校一个班的学生讲了下面这个故事：

一天，猎人带着猎狗去打猎。猎人一枪击中了一只兔子的后腿，受伤的兔子开始拼命奔跑。猎狗在猎人的指示下飞奔去追赶兔子。可是追着追着，兔子不见了，猎狗只好悻悻地回到猎人身边。猎人开始骂猎狗了："你真没用，连一只受伤的兔子都追不到。"猎狗听了很不服气地回道："我尽力而为了呀。"再说那只兔子带伤终于跑回洞里，它的兄弟们都围过来惊讶地问："那只猎狗那么凶，你又带了伤，怎么跑得过它的？""它是尽力而为，我是全力以赴呀，它没追上我，最多挨一顿骂，而我若不全力的话我就没命了。"

听完这个故事，让我们想一下，尽力而为和全力以赴到底有什么区别？从字面上来看，两者似乎区别不大，尽力而为指用一切力量做，全力以赴是指用全部的力量和精力来投入。但实际上两者的区别很大，不同的动机，不同的态度，不同的付出，自然产生不同的结果。尽力而为多含被动无奈，属于一种迫不得已而为的，在投入的过程中正如猎狗只会飞

奔,而不会产生超越自己以前纪录的速度,更不会挑战自我,创造奇迹,说白了有些"应付差事",从一开始就缺少必胜的信心,并且早早为自己的失败找到了最好的借口:反正我是尽力而为了,失败了不能说我没尽力,只能说我的对手太强大。全力以赴,则是积极心理态势的主动驱使,它能突破原有的极限,产生预料之外的强大的力量。

让我们接着来看上面那个故事:

泰勒牧师讲完故事之后,又向全班郑重其事地承诺:谁要是能背出《圣经·马太福音》中第五章到第七章的全部内容,他就邀请谁去西雅图的"太空针"高塔餐厅参加免费聚餐会。

《圣经·马太福音》中第五章到第七章的全部内容有几万字,而且不押韵,要背诵其全文无疑有相当大的难度。尽管参加免费集餐会是许多学生梦寐以求的事情,但是几乎所有的人都望而却步。

几天后,班上有一个11岁的男孩,胸有成竹地站在泰勒牧师的面前,从头到尾按要求背了下来,竟然一字不落,没出一点差错,到了最后,简直成了声情并茂的朗诵。

泰勒牧师比别人更清楚,就是在成年的信徒中,能背诵这些篇幅的人也是罕见的,何况是一个孩子。泰勒牧师在赞叹男孩那惊人的记忆力的同时,不禁好奇地问:"你为什么能背下这么长的文字呢?"

男孩不假思索地回答:"我全力以赴了。"

16年后,那个男孩成了世界著名软件公司的老板,他就是比尔·盖茨。今天,我们知道,他已成为世界首富。

比尔·盖茨的成功对人很有启示:从不放弃,深谋远虑,积极进取,全力以赴。每个人都有很大的潜能,正如心理学家所指出的,一般人的潜能只开发了2%～8%左右,像爱因斯坦那样伟大的科学家,也只开发了12%左右。一个人如果开发了50%的潜能,就可以背诵400本教科书,可以学完十几所大学的课程,还可以掌握二十来种不同的国家语言。也就

是说，我们还有90%的潜能处于沉睡状态。谁要创造奇迹，仅仅做到尽力而为还不够，必须全力以赴。

尽力而为与全力以赴都是把各种力全部发挥到极致，只不过尽力而为的几个力之间有夹角，产生的合力较小，而全力以赴则是各个力共线同向，产生了最大可能的合力，所以其效果最佳。竭尽全力地挥洒，不遗余力地战斗，全力以赴地实现我们彩虹似的梦！

心灵悄悄话
XIN LING QIAO QIAO HUA >>>

俗语说："功到自然成。"按理说，失败者完全可以尝到胜利的喜悦，但他们往往缺少一种胜利的必要条件，那就是坚持。

坚持你的选择

　　坚持自己既定的生活目标,心系一处,不为外物所动,理智地限制自己的行为,是成功的秘诀。新加坡女作家尤今出版了几十部书,其作品风靡新加坡及中国。人们难以想象这位担任教师之职,又有三个孩子的女子,怎么会有如此旺盛的精力和充足的时间。原来她把别人看电视、到商场购物、娱乐应酬的时间都用在写作上。她像春蚕一样,"发狂地吞食,努力地消化"。正是这种对事业的专注精神,使她成为一个不轻易向现实低头的人,一个在文学殿堂中不断搏击的勇士。

　　人生就是选择,每个人的选择不同,便有了不同的人生。一种选择就是一种活法,一种选择会换回许多种体会。

　　运气人人都会有,但上帝没有告诉你它具体的到来时间。有些人运气到得早一点,煎熬少一点;有些人运气到得晚一点,也更辛苦一点。但你必须一直在努力,再艰苦也要坚持着,否则运气不会垂青于你。

　　选择与放弃,是一种心态、一门学问、一套智慧,是生活与人生时时需要面对的关口。昨天的放弃决定今天的选择,明天的生活取决于今天的选择。人生如演戏,每个人都是自己的导演。去问问那些终有所成的名演员怎么看待早年的坎坷,现在的回答肯定是感谢苦难,也感谢自己当年的坚持。

　　生活中很多事情都是选择的结果,而每个选择必然都有个反面,即放弃。拿报纸来说,从头版新闻到影视评论,每一个版面的组成都是编辑选择的结果。选择刊登这条消息,就等于放弃了另一些内容。这样做只是为了在被广告日益挤压的狭小空间里,争取把最有价值的东西摆在读者

面前。再比如每个大学生毕业后，肯定都会考虑是去工作，还是出国，或者是考研，或者去西部做志愿者，选择其中一个，你就得放弃另外的几条路。甚至可以这样说，只有当你能够放弃其他的方式，你才能安心地选择那剩下的一种。

忍耐与坚持是我们一生中最重要的品质，人生哪有所谓的运气可言？唯一的运气就是不停地努力。不要想着以后会如何发达，把眼前的事情做好，每天如此，就是不停地为自己创造比别人更好的机会和运气。

瑞典的一位化学家在海水中提取碘时，似乎发现了一种新元素，但是面对烦琐的提炼与实验，他退却了。而另一位化学家用了一年时间，经过无数次实验，终于为元素家族再添新成员——溴，并因此而名垂千古。第一位化学家只能默默地看着对方沉浸在胜利的喜悦之中。这两位化学家，一位坚持住了，取得了胜利；另一位却没有坚持住，未能取得成功。

可见，能否坚持是取得胜利的最后一道障碍。在最黑暗的时刻，也就是光明就要到来的时刻，更加需要坚持。因为坚持就是胜利。那些失败者往往是在最后时刻未能坚持住而放弃努力，才与成功失之交臂的。

心灵悄悄话
XIN LING QIAO QIAO HUA >>>

人生就是选择，每个人的选择不同，便有了不同的人生。一种选择就是一种活法，一种选择会换回许多种体会。人有许多次选择，但是选择之后便不会再从头开始，即使可以再进行选择。

将明确的目标运用于工作

美国盖洛普组织对许多优秀员工的调查结果表明：三分之二的被调查者对自己的生活和事业有明确的目标。优秀员工对自己的目标坚信不疑。

奥运会男子十项全能冠军布鲁斯·詹纳曾经问过一屋子有希望拿到奥运会奖牌的选手们他们是否写过目标清单。屋里的每个人都举起了手。可接着他又问有谁随身带着那张清单，就只有一个人举起了手，那个人是丹·奥布赖恩。在 1996 年亚特兰大奥运会上，正是丹·奥布赖恩赢得了当年的男子十项全能金牌。

一个人在行走中，心里一定要清楚自己将要去的地方、将要做的事情，才能成功地抵达目的地。因为我们有了目标，我们才会有方向，有了方向后才能一步一步去靠近目标。这个目标就刻在我们的心中，要到的地方始终在我们的心里面，具有一种持久性，直至我们到达目的地。这种目标意识应用到生活中，会有助于我们把事情做得完整，做得成功。

不能带着一个不确定的目标前进，目标的明确会使过程坚定，含糊不清的目标只会带来含糊不清的结果。

一场战争结束后，一个农夫和一个商人在街上寻找财物。他们发现了一大堆烧焦的羊毛，两个人就各分了一半背在自己身上。

归途中，他们又发现了一些布匹。农夫将身上沉重的羊毛扔掉，选了

些自己扛得动的较好的布匹。商人却将农夫丢下的羊毛和剩余的布匹统统捡起来背在自己身上，重负使他气喘吁吁，步履艰难。

走了不远，他们又发现了一些银质的餐具。农夫将布匹扔掉，捡了些较好的银器背上，而商人却被沉重的羊毛和布匹压得无法弯腰，难以捡取剩下的银餐具。

天降大雨，商人的羊毛和布匹都被雨水淋湿了。他饥寒交迫地走着，最后摔倒在泥泞中。而农夫却一身轻松地冒着凉爽的雨回家了。他变卖了银餐具，此后的生活颇为富足。

这个例子说明了明确的目标对于人们前进的引导性和支撑性的作用。但并不是说有了持久性的明确的目标，人就一定能成功，目标的实现更要依靠实际行动。

为实现目标而进行的努力并不都是枯燥无味的，关键在于你的心态。把工作视为游戏，工作会其乐无穷。马克·吐温认为：成功的秘诀，就是把工作视为消闲。

通向目标的途中常常会有让一个人偏离目标的诱惑。不过，如果你有明确的目标方向，你就不会误入歧途，也能更快地到达目的地。

心灵悄悄话
XIN LING QIAO QIAO HUA >>>

朝着自己心中的目标坚定不移地靠近，努力拼搏，全力以赴，让自己的人生不断地取得成功。

坚持人际投资，必有厚报

人的内心格局一定程度上决定人的财富和成就。人脉等于钱脉，关系就是实力，朋友是最大的生产力。想成为什么样的人，就要跟什么样的人混在一起，同流才能交流，交流才能交心，交心才能交易。

爱因斯坦说："有了朋友，生命才显示出它全部的价值、智慧、友爱，这是照亮我们黑夜的唯一的光亮。"达尔文说："谈到名声、荣誉、快乐、财富这些东西，如果同友情相比，它们都是尘土。"一个有良好人际关系的人，才真正算得上是一个富有的人。台湾著名潜能大师陈安之说："一个人的人际关系（人脉）等于钱脉，人之所以能赚钱是因为他有人脉，成功不是靠自己，成功是靠别人的。"

人际关系是在人们的物质交往与精神交往中发生、发展和建立起来的人与人间的直接的心理关系。人际关系是人们的职业生涯中一个非常重要的课题，良好的人际关系是人们舒心工作、安心生活的必要条件。人际关系的重要性几乎获得所有人的一致认可，可以说人除了睡觉以外的时间几乎都在和别人打交道，而人际关系却是公认最难处理的事情，一辈子与人打交道，一辈子受到人际关系的困扰。

在美国，曾有人向 2000 多位雇主做过这样一个问卷调查："请查阅贵公司最近解雇的三名员工的资料，然后回答：解雇的理由是什么？"结果，无论什么地区、无论什么行业的雇主，三分之二的答复都是："他们是因为不会与别人相处而被解雇的。"

很多成功的商界人士都深深意识到了人脉资源对自己事业成功的重要性。曾任美国某大铁路公司总裁的 A. H. 史密斯说："铁路的 95% 是

人，5%是铁。"美国钢铁大王及成功学大师卡耐基经过长期研究得出结论："专业知识在一个人成功中的作用只占15%，而其余的85%则取决于人际关系。"所以说，无论你从事什么职业，学会了处理人际关系，你就在成功路上走了85%的路程，在个人幸福的路上走了99%的路程了。无怪乎美国石油大王约翰.D.洛克菲勒说："我愿意付出比天底下得到其他本领更大的代价来获取与人相处的本领。"

俞敏洪讲过一句话："你要想知道你今天究竟值多少钱，你就找出身边最要好的三个朋友，他们收入的平均值，就是你应该获得的收入。"

法国亿而富机油前总裁，每年都定下目标，要与1000个人交换名片，并跟其中的200个人保持联络，跟其中的50个人成为朋友。其实，每个人职业和事业上的贵人就在身边，关键是要有人脉资源经营的意识，用心寻找，并用心经营。

你有价值，你身边有很多朋友，他们也各有自己的价值，那么为什么不把他们联系起来，彼此分享更多的价值呢？如果你只是接受或发出信息的一个终点或起点，那么你的人脉关系产生的价值是有限的；但是，如果你成为信息和价值交换的一个枢纽，那么别的朋友也更乐意与你交往，你也能促成更多的机会，从而巩固和扩大自己的人脉关系。所以，寻找并建立自己的价值，然后把自己的价值传递给身边的朋友，促成更多信息和价值的交流，这就是建立强有力的人脉关系的基本逻辑。

人脉投资是世界上威力最猛的投资，它所产生的效果是所有投资的总和。只要你学会了投入之道，就会在同行中遥遥领先、鹤立鸡群，直接进入成功者的行列。自古以来，在职场中的一些成功人士，最常说的一句话就是："人脉等于钱脉。"顾名思义，在职场如果懂得运用人脉就能赢得更多的成功机会。

在美国，有一句流行语："一个人能否成功，不在于你知道什么（what you know），而是在于你认识谁（who you know）。"在当前这个高速发展的知识经济时代，人脉已成为专业的支持体系。对于个人来说，专业是利刃，人脉是秘密武器，如果光有专业，没有人脉，个人竞争力就是一分耕

耘,一分收获,但若加上人脉,个人竞争力将是一分耕耘,数倍收获。因此,开发和经营人脉资源,不仅能为你雪中送炭,在"贵人"多助之下更能为你的事业发展锦上添花。

　　一个人事业上的成功,80%归因于与别人相处,20%才来自自己的专业技术。人是群居性动物,人的成功只能来自他所处的人群及所在的社会,只有在这个社会中游刃有余、八面玲珑,才可为事业的成功开拓宽广的道路,没有非凡的交际能力,免不了处处碰壁。没有交际能力的人,就像陆地上的船,永远到不了成功的彼岸。人脉的累积,等于累积你的本钱,而掌握住人脉就等于掌握住七成的成功率。

心灵悄悄话
XIN LING QIAO QIAO HUA >>>

　　生活中,你无论有多么强的能力,多么好的条件,如果没有良好的人际关系,也难以取得成功,自然也就不会拥有健康的身心和幸福的生活。

坚持是成功者的工作方式

工作着的人是美丽的,对个人而言,健全的发展成就个人的幸福。只寻求工作外的满足,而忽视工作在生命中的意义,将会限制我们成为快乐而完整的人。

工作是生命的真正精髓所在,最忙碌的人也是最快乐的人。唯有努力而持续地工作的人,才能精于任何艺术或职业。

《伊索寓言》里有一则家喻户晓的故事——龟兔赛跑。谁都知道兔子是脚步很快的"飞毛腿",再怎么样乌龟都不是它的对手。在比赛中,兔子非常轻敌,想耍一耍乌龟,便说:"睡一觉再说吧。"就在路旁的树下睡着了。它想:睡一觉起来还可以赶上乌龟。不料兔子睡熟了,被乌龟远远地抛在后面,输了!

兔子因为没把乌龟当对手所以才会轻敌,睡大觉。如果把乌龟当作对手,比赛时它就会全力以赴。有兔子的能力,如果再加上乌龟的敬业精神,相信无论做什么事都可以成功。

当然,人生是个漫长的赛程,没有起点也没有终点,你什么时候起步,那便是起点,什么时候倒下,那便是终点。人生没有胜,也没有负,谁能培养出敬业精神,谁便是胜利者。

如果你只把工作当作一件差事,或者只把目光停留在工作本身,那么即使是从事你最喜欢的工作,你依然无法持久地保持对工作的激情。但如果你把工作当作一项事业来看待,情况就会完全不同。

　　比尔原来只是美国一家软件公司的普通职员。从他大学刚毕业走进公司的第一天起,他就为自己定了一个目标:用两年的时间当上产品开发部的经理。从那天起,"部门经理"就像一面旗帜召唤着他前行,他没有一天不按部门经理的标准来要求自己。

　　比尔的准备是辛苦的,他往往要比其他职员多做许多工作,休息时也要参加许多相关专业的培训课程。目标真是一个奇妙的东西,它使比尔每天都被疯狂的工作激情驱使着。虽然有些累,但劳累过后,看着自己的卓越业绩,他便体会到了快乐。

　　不到一年,比尔就被提拔到了主管的岗位。他工作起来更加努力了,虽然为此他牺牲了许多娱乐和休闲的时间,但因为有了目标,他感觉不到工作的劳累,相反把它当作一种享受。他的工作能力和工作业绩不断得到公司总裁的肯定,在当上主管不到半年的时间里,他再次被提升为部门经理,成了公司里提拔最快最年轻的经理。但他很快又给自己制定了下一个目标——当上产品总监。

　　比尔为什么能从普通职员迅速升至主管,继而又升职为部门经理?这是他用目标随时鞭策自己,并且不断围绕目标充分准备与积累的结果。

　　不能围绕目标进行的准备是毫无价值的。在工作中,总是有人怀着羡慕、嫉妒的心情看待那些得到提拔和优厚待遇的人,总认为他们取得成功的原因是有外力相助,于是感叹自己的命运不好。他们显然没有明白有目标的准备和坚持的重大意义。比尔显然比他们高明得多。

　　中国的农民科学家吴吉昌不负周总理的嘱托,花尽心血搞棉花试验,他"吃也想棉花,睡也想棉花",终于培育出棉花新品种,为祖国的农业发展贡献了力量。

　　虽然听命行事的责任心相当重要,但个人的主动进取精神更应受到重视。所谓主动工作,就是没有人要求你、强迫你,你却能自觉而且出色地做好需要做的事情。在主动工作的背后需要付出的是比别人多得多的

智慧、热情、责任感和创造力。率先主动是一种极珍贵、备受看重的素养，它能使人变得更加敏捷、更加积极。当你清楚地了解了公司的发展规划和你的工作职责后，你就该准备做些什么，并且立刻着手去做，不必等到老板交代。当你养成了这种主动工作的习惯之后，你就可以用行动来证明自己是一个勇于承担责任、值得信赖的人，一个有可能成为管理者的人。

塞迪·史密斯是约克郡弗士顿勒克区的一个牧师，尽管他觉得工作并不适合自己，但还是很愉快地干了起来，并决心尽心尽力去做好。他说："我已下决心喜欢这份工作，我要适应它，这比凌驾其上，不时埋怨，认为这种工作无聊透顶、尽说废话的做法，更有男人气概。"

霍克博士每当去从事一项新工作时，他总是说："无论我在哪儿，我都以上帝的名义发誓，我会用自己的双手努力去工作；如果我找不到一份工作，那么我会自己创造一份。"

也许人生的最大快乐就在于有目的地、风风火火地工作，人们的活力、信心和其他种种优秀品质都建立在这种快乐之上。

心灵悄悄话
XIN LING QIAO QIAO HUA >>>

成功是将勤奋和努力融入每天的工作和生活中的过程。坚持、敬业的工作态度能使你从竞争中脱颖而出，多做就会多一分收获的机会。

责任心是金

托尔斯泰说："一个人若是没有热情,他将一事无成,而热情的基点正是责任心。"

美国道奇棒球队举世闻名。有一次在元老球员聚会时,记者访问在座均已在社会各界有相当成就的退休球员。第一位受访者开始就口若悬河,不停地提到"我们的团队"如何如何,"团队"一词不离口,但当记者问他的现状时,他却压低声调有些失落地说:"我现在只是五家银行的总裁而已。"第二位受访者也如出一辙,不停地提到过去的团队精神,一问现状,马上显得失望:"我只是两家公司的董事长,唉!"

一直到第三位受访者时情形才有所不同,那位受访者滔滔不绝地提到自己当年对球队的贡献,却绝口不提"团队"一词。记者转身询问和他同来的儿子:"你父亲是怎样的人?"那名老球员的儿子嗫嚅地回答:"我父亲真的对球队很有贡献……"

这时,记者发现那个球员之子竟双腿已失,坐在轮椅上,不禁问他的双腿为什么受伤。

没想到那位球员之子竟痛哭着说:"我父亲是那种等我因战争失去双腿之后才肯说爱我的人!他为什么这么自私,从不愿为'家'付出……"

人生在世若要保证一直快乐的话,必须有一个集体值得你全身心投入和贡献。快乐的来源是做一个团体的成员,并且奉献自我,经由超越自

己来发挥无限潜能。

责任是一种使命，有责任心是一种做人的态度。小而言之，在一个家庭里，作为父母，要尽到做父母的责任；作为儿女，同样要尽到做儿女的责任。这是不可推卸的，是每个公民应尽的责任，也是社会发展不可或缺的动力，如果没有了这种责任感，不敢想象社会会变成什么样子。

每个人成年后，所有的一切都可以自己选择，家庭、工作、环境等等，都是可以由你自己决定。也因此，一个成熟的人，自己应该负完全责任。害怕承担责任的人，实质是没有控制能力、没有决定能力的人，同时也是一种自私、无能、懦弱、胆小的表现。害怕承担责任的程度，决定了消极心态的严重程度。越害怕承担责任，心态越消极，就越缺乏掌握能力和控制能力。

在工作中，一个没有责任心的职工，不会很好地完成他分内的工作；而一个没有责任心的领导，会将集体领入歧途，甚至使公司失去竞争和生存的能力，从而走向崩溃的边缘！

英吉利海峡岸边矗立着阿尔威船长的雕像。1870年5月17日的那次航海，由于机件故障，导致船舱大量进水，就在人们惊恐万状的时候，阿尔威船长果断而沉着地指挥使所有乘客和船员井然有序地转移到救生艇上，而他自己却与客轮一起沉入了海底，他竟然忘了把自己列入待救的名单，这是何等的壮举啊！在灾难来临时，他不顾个人安危，把责任心发挥得淋漓尽致，正是这种责任感，这种敢于承担责任的行为，使他成为被人尊重的人，永远铭记在人们的心中！

工作无小事，把细小的事做得很到位，大事自然就做好了。"什么叫作不容易？就是把容易的事情反反复复做到位，就是不容易。"这是海尔总裁张瑞敏说的。一旦你踏上了岗位就选择了一份责任，拥有了一份使命，要承担职位赋予你的责任，就必须按时保证质量地完成自己负责的工作，做到领导在与不在一个样。没有责任心的员工不是合格的员工，勇于

承担责任才会被机会垂青。既然我们选择了一份工作，就要以事业之心做好它。

经验来自经历，满怀激情地投入到工作中去，积极争取，无论现在学识、能力与经验的高低，只要以责任心有效地承担起自己的职责，坚持下去，就一定会成功！

工作中难免会遇到这样那样的问题，当遇到问题和困难的时候，要主动去寻找方法解决，而不是找借口回避责任。要坚信方法总比问题多！

老子说过："大必出于细。"也就是说再伟大的事业都是一系列小事构成的，没有小事就没有大事。对一位有责任心的人来说，小就是大。对待工作要大声说："这是我的责任！"

在工作中不管做任何事，都应将自己的心态回归到零，把自己放空，抱着学习的态度，将每一次任务都视为一个新的开始，一段新的体验，一扇通往成功的机会之门。

心灵悄悄话
XIN LING QIAO QIAO HUA >>>

如果你每天都能怀着一颗感恩的心而不是抱怨的心态去工作，相信工作时的心情自然是愉快而积极的。带着从容、坦然、喜悦的感恩心情去工作吧，你会获取最大的成功！

在不公平的条件下也要坚持努力

　　当大学毕业生跨入社会，就会发现现实生活原来是那么的无情与残酷，于是就会产生巨大的心理落差。许多没有工作的大学生，并非找不到工作单位，而是无法接受这个"不公平"的世界；而另一些频繁跳槽的青年，也是因为对于社会的期望过高，才有如此的不安分表现。

　　下面是英国著名漫画家劳纳尔·塞勒的一幅漫画中两个人的对话：

　　一个白人问："社会公平的现象多吗？"

　　一个黑人答："不多。"

　　白人又问："社会不公平的现象少吗？"

　　黑人答："不少。"

　　这段对话反映了现实生活中存在的一个普遍现象——不公平。

　　生活是残酷的，人们是在与不公平环境、条件、待遇等各种矛盾做斗争中不断前进的。只有能以积极的心态面对不公平现象的人，才是真正的胜利者！

　　2004年6月墨西哥《成绩》周刊…一期，发表了比尔·盖茨写给即将走出学校的青年的11点忠告。其中第一点即是："生活是不公平的，你要去适应它。"

　　J.K.罗琳是当代非常著名的女作家，她的小说《哈利·波特》系列受到全世界广大读者的喜爱。但有谁想到，她是怎样从艰辛走向辉煌的呢？

J.K.罗琳是一位单身母亲，每天要带着自己的孩子四处奔波，经常吃了上顿没下顿。但她面对困境时从来没有放弃，坚持执笔写作，终于得到一家出版社的赏识，小说出版后便风靡全世界。当有人问她为什么能取得这般成就时，她说："我只不过把那些抱怨上天不公平的时间用来努力工作了。"

公平是相对的，不公平是绝对的。我们应该像罗琳那样，努力缩短与不公平之间的距离。

公平并不代表平均主义，因为机会应该给那些有准备、有能力的人，这样社会才会人才辈出。缺少生活磨砺的人面对不公平的现象时会造成心理上的压抑或者扭曲。我们要直面社会的不公平现象，正确认识社会的复杂性，多一些实践积累，才能在遇到不公平的现象时正确对待。

秦朝末年，西山有位穷书生，小时候因为疾病而失去手臂。但是他凭着坚忍的意志，终于练成了以足代手行文的技艺，并高中状元，成为了一时佳话，流芳百世。这个人，就是蟊恺。

孩子们总是喜欢公平的游戏规则，成年人也希望获得公平的竞争机会，然而现实世界是不公平的。有人生于名门，长于富贵；有人生于贫困，长于困苦；有人天生残疾，有人生来健康；有人生得倩丽，有人长相丑陋；有人每天吃鲍鱼喝燕窝，有人每天吃粗粮喝开水；有人工作不多，报酬却很高；有人能力不强，却因受宠而晋升……生活中从来就没有绝对公平的理想国。

那些成功人士，他们之所以成功，就是因为无论竞争是公平的还是不公平的，他们都坚持战斗。有时候，不公平是显而易见的，有时候，你自己就是不公平的受害者。但是，你能够因此就远离比赛吗？你不想成为边缘人，就只有投入到喧嚣之中。生活从来就是不公平的，怨天尤人没有用，把自己该做的事做好，即使世界不公平，我们获胜的概率也会大一些。

正视生活的"不公平"，能够使我们客观地认识社会，而不是对社会充满幻想；直面生活的"不公平"，能够促使我们心理平衡，去努力做好本

职工作。以平常心、进取心对待生活，是对自己最大的"公平"；反之，则是对自己的"不公"。如果坚持认为生活应该是公平的，或者认为终有一天会是公平的，一味抱怨、叹息、等待，陷入其中而不能自拔，那最终只能蹉跎岁月。

不要抱怨生活的不公平，先检讨一下自己付出了多少，付出的努力是否足够支撑你理想中的公平。生活是不公平的，才显示得出那些付出艰辛努力者的出类拔萃！

心灵悄悄话

XIN LING QIAO QIAO HUA >>>

生活是不公平的，当我们无法改变不公和厄运时，就要学会接受它、适应它，并坚持到底，总能收到意想不到的成效。

坚持是战胜对手最好的办法

在人的一生当中,无论你做任何事情,你都会遇到对手,只有战胜对手,你才能获得成功。

那么,最大的对手、最难战胜的对手是谁呢? 是你自己。所以,在人生的旅途中,学会战胜自己,是很重要的。

美国总统肯尼迪说:"从希望中得到欢乐,在苦难中保持坚韧。"人生最大的敌人不是别人,而是我们自己。因为对外界的敌人容易防备,反而对自己容易宽容。

人们有时不能真正认识自己,不能控制、处理好自己的情绪,对自己的欲望常常抑制不了,脾气往往会控制不住,习惯往往很难改变,于是自己成为自己的敌人,与成功失之交臂,落入失败的深渊。

拿破仑曾经感慨而遗憾地说道:"我可以战胜无数的敌人,却无法战胜自己的心。"当你没有全力以赴地工作,你有什么资格说你的失败是环境的错呢? 在日晒当头时你还在沉睡,你有什么资格抱怨时间太紧,无法完成任务呢?

我们要记住:只有战胜自己,才能迎接下一个目标;只有战胜自己,才能收获真正的丰收;只有战胜自己,才能战胜命运;只有战胜自己,才能迎来明日灿烂的太阳! 向自己挑战,战胜自己吧!

战胜自己要比战胜别人难得多,因而战胜自己,就要有坚忍不拔的意志,要有根深蒂固的信念,要有在逆境中成长的信心,要有在风雨中磨炼的决心。

司马迁受宫刑,仍然坚强不屈,完成了巨著《史记》;保尔·柯察金战

胜了自己，让世人看到了他那钢铁般的意志；张海迪全身高位截瘫，自学四门语言，成了著名的作家。他们之所以取得了成功，都与他们战胜自己的精神不可分开。

著名的作曲家贝多芬一生有许多不朽之作，但很多有激情的曲目其实是在他失聪后创作的。失聪，预示着一个音乐家音乐生命的结束，然而，贝多芬想出了战胜自己的方式：通过自己对音乐的认识，在脑中创作，手上弹，再用手触摸五线谱的木板往上写。最终，他创作出了《命运》交响曲，他战胜了自己。

战胜自己才能激发生命的活力，无论是健全的身躯还是残缺的臂膀，无论是优越的条件，还是困窘的环境，我们都需要战胜自己。战胜自己，要有奋发的勇气，要有克服困难的意志，同时还要不断总结，找到通向成功的途径。

一般人总是把对自己不友好的人或环境，当成自己的敌人，他们更容易将自己的失败归于他人的阻挠。实际上，战胜自己对他人和环境的厌恶，化敌为友，融入环境中去，才更易成功。

美国著名的政治家富兰克林，他的对手当时的身份是州议会议员。富兰克林在台上演讲时，那人在台下窃窃私语；富兰克林说到兴奋之处，那人却讥讽地哈哈大笑。富兰克林有权利阻止这个对自己充满敌意的人的所作所为，但是他没有，他总是面带微笑地看着他，然后继续自己的演说。

富兰克林知道那人喜欢藏书，每有珍贵的图书他总是想方设法买到，把它们放进自己书橱的那一刻，就是他人生中最快乐的时刻。有一次，富兰克林在议会大厦的大厅里遇到了他，便轻声问："我有许多珍贵的藏书，不知你有没有兴趣？"那人吃了一惊，他不会想到他讥讽的对手会以这样主动而真诚的口气跟他说话。富兰克林把家中的许多珍贵藏书赠给那个人，从此以后，他们之间有了接触，谈论的话题从书籍发展到政治，最后，他们成为挚友。

与人争斗和忘记对手都是容易的，但在对手面前，笑面以待，把对手变为知己，却要经受人性上的巨大考验。

从某种意义上说，把对手变为知己和朋友，你所要战胜的根本不是敌人，而是人性，是自己。

心灵悄悄话
XIN LING QIAO QIAO HUA >>>

很多时候人们的失败并非由于外在原因，而在于人们自身的一些恶习，我们最大的敌人是自己。要想成功，人们必须战胜自己，培养良好的品质。

第五篇 >>>

执著奋斗，财倾天下

　　财富是智慧结晶，闪耀光芒。一定要培养自己的赚钱和理财能力，努力打拼，做一个成功、富有的人。想要创富的人，必须有坚定不移的创富梦想，有坚定的信心和决断的行动力。水无常形，兵无常势，对于那些站在财富顶端的富豪们而言，成功的历程不尽相同，但是，究其根本，执著自信都是他们共同具备的。当你具备这些特质时，财富自然也会与你相伴。

　　执著首先要坚持，要对自己充满信心。那些半途而废，做事"三天打鱼，两天晒网"的人，不去自己点燃执著的心，他当然只能与成功失之交臂。

再挖三尺就是黄金

无论做什么事情都不能半途而废：在看准了的前提之下，就是虎穴龙潭也要闯下去。当然，看准不是一件像说话那样简单的事情，自己没有把握，就要去找内行，千万不要蛮干。咨询公司的建立与发展如雨后春笋一般，就是很多事情都需要专家"点拨"的最好证明！

有一则故事曾在世界各地的淘金者口中广为传诵。这个故事有着极其动听的名字，叫作"距离金子三英寸"：

几十年前，美国人达比和他叔叔到遥远的西部去淘金，他们圈了一块地，手握鹤嘴镐和铁锹不停地挖掘，经过几十天的辛勤工作，他们终于惊喜地发现了金灿灿的矿石。继续开采必须要有机器，于是，他们悄悄将矿井掩盖起来，回到家乡马里兰州的威廉堡，准备筹集大笔资金购买采矿设备。

不久，他们的淘金的事业便如火如荼地开始了。当采掘的首批矿石被运往冶炼厂时，专家们断定他们遇到的可能是美国西部科罗拉多地区藏量最大的金矿之一。达比仅仅用了几车矿石，便很快将所有的投资全部收回。

然而，达比万万没有料到，当他费尽千辛万苦弄来了机器，继续进行挖掘时，奇怪的事发生了：他们不久就遇到了一堆普通的石头，金矿的矿脉突然消失！达比认为：金矿枯竭了，原来所做的一切将一钱不值。好像上帝有意要和达比开一个巨大的玩笑，让他的美梦从此成为泡影。万般无奈之际，他们不得不忍痛放弃了几乎要使他们成为新一代富豪的矿井。

他们将全套机器设备卖给了当地一个收购废旧品的商人,带着满腹遗憾回到了家乡威廉堡。

就在他们刚刚离开后的几天里,收废品的商人突发奇想,决定去那口废弃的矿井碰碰运气。收废品的人请来一位矿工程师对现场进行勘察,只做了一番简单的测算,工程师便指出前一轮工程失败的原因:目前遇到的是"假脉",是金矿的断层线。考察结果表明:更大的矿脉其实就在距达比停止钻探三英寸远的地方!收废品的人按照工程师的指点,在达比的基础上不断地往下挖。正如工程师所言,他遇到了丰富的金矿脉,获得了数百万美元的利润。

达比从报纸上知道这个消息,气得捶胸顿足,但也追悔莫及。

世上的事情奇巧得往往就像这个精彩故事的本身:作为怀着同一梦幻的有心人,达比虽然付出了最大的努力,但他获取的却只是科罗拉多地区最大金矿的一个小小支脉;收废品的商人虽然只花费了最小的代价,却通过一口废弃的矿井而成功地拥有了最大金矿的全部。

从表面上看来,前者是一种命运,后者也是一种命运。但正是在这两种截然不同的命运与遭际背后,原本暗藏着完全相同的、对等的、冷漠而又灼人的机遇。放弃机遇的人并不知道自己放弃的是机遇,而索求机遇的人恰恰知道机遇或许就要降临。除此之外,机遇本身也知道自己最终只能属于那些与它有缘并对它一往情深的人。

有这样一个简单而且非常有效的观念——蚂蚁哲学。

蚂蚁有令人惊讶的四部哲学:

第一部:蚂蚁从不放弃。如果它们奔向某个地方,而你想方设法阻止它们,它们就会寻找另一条路线。它们或往上爬,或从地下钻,或者绕行,直到它们寻找到另一条路线。

第二部:蚂蚁在夏天就为冬天作打算。多么深刻的洞察力!不能天真地认为夏天会永远持续下去,所以即使在盛夏,蚂蚁也积极地为自己储

备冬天的食物。

第三部：蚂蚁在冬天里想着夏天。这一点儿很重要。整个冬天，蚂蚁都在提醒自己："冬天不会持续太久，我们很快就能到外面去。"于是在气温变暖的第一天，蚂蚁就会出去活动；如果气温变冷，它们再返回洞里。不会一味地等待，这样蚂蚁永远会在气温变暖的第一天出去。

最后一部：蚂蚁在整个夏天会为冬天准备多少食物呢？竭尽全力储备尽可能多的食物。多么令人叹服的哲学——全力以赴！

这就是伟大的蚂蚁哲学：从不放弃，深谋远虑，积极进取及全力以赴。

这正如挖井找水，很多人挖了深浅不一的井，没有找到水就放弃了，只有一人坚持往下挖，挖得比别人都深，最后出水了。石匠敲打石块，他已经打击了几十次仍不见裂缝，可是就在击打第 100 下的时候，石块终于裂开了。那绝不是最后一击才成功的，而是因为前面 99 次所奠定下的基础。

心灵悄悄话
XIN LING QIAO QIAO HUA >>>

即使工作遇上挫折，也不要有一种失败者的感觉。对于同一件事情，抱着不同的心态对待，便会产生不同的结果。

将财商训练坚持到底

金钱不是万恶之源,它能帮你实现理想,提升自信,增加生活的满足感,并能多做善事,造福社会,金钱又何罪之有?

古人云:君子爱财,取之有道。钱怎么进来的往往又会怎么出去,成功人士不挣不干净的钱,是为君子爱财,取之有道,要挣阳光下的利润。

搜狐总裁张朝阳说:"改革开放三十年,中国人的价值观发生了巨大的变化,积累财富成为一种时代精神。现代社会创造财富,会遇到各种各样的困难,有时候对一个人的极限会提出挑战,在克服困难的过程中,一个人越来越成熟。回忆自己走过的路程,(才会)意识到创造财富的过程就是一个现代人成熟的过程。"而 IT 高手丁磊也认为,创造财富是这个时代每个人前进的动力,人应该永远处在一种创造的过程中。

哈拉里、瓦拉迪和拉比是加拿大多伦多,SM 玩具公司的创始人。该公司创立于 1994 年,1999 年销售额已达 420 万美元。1991 年,哈拉里和拉比在西安大略大学攻读绘画艺术。有一天,拉比突发想象,这么精美的艺术作品,何不拿出去卖钱? 没想到一张招贴画竟卖了 5 美元! 从卖出第一幅校园招贴画开始,他们就确信,未来的唯一选择就是做一个创业者了,因为他们从交易中找到了成功的感觉,发现了自己具有非凡的商业能力! 商业能力是一个创业者必备的第一素质。哈拉里和拉比毕业后,用卖招贴画所挣的 1 万美元投资制造了一种叫"地球伙伴"的玻璃头饰,一个月的销售额就达 100 万美元。后来,他们认识了瓦拉迪。瓦拉迪的加盟使他们如虎添翼,生意十分红火。拉比说:"在创业的前一年,我要做

的事情就是坚持，以及满足突如其来的大量需求。"继"地球伙伴"的成功之后，他们设计的另外两种产品——魔棍橡胶水玩具和空压动力玩具飞机也大受欢迎，风靡欧美。现在，已有很多买家提出收购这家公司，但这三个年轻人不为所动。谈到成功的经验，拉比说："年轻时思维敏捷，而且又有商业潜质，那么你成功的概率就是双倍的。"

中国改革开放三十多年来，浮现了刘永好、史玉柱等财富人物，现在已到了造就亿万富翁的时代了！而且这些人有一个共同点：都是知本家，不是靠运气，而是靠运用经济知识和智慧，掌控机遇，成就大业！

有个农夫拥有一块土地，生活过得很不错。但是，他听说他只要有一块钻石就可以富得难以想象。于是，农夫把自己的地卖了，离家出走，四处寻找可以发现钻石的地方。农夫走遍遥远的异国他乡，然而却从未能发现钻石。最后，他囊空如洗，在一个海滩自杀身亡。

那个买下这个农夫的土地的人在散步时，无意中发现了一块异样的石头，他拾起来一看，它晶光闪闪，反射出光芒。他仔细察看，发现这是一块钻石。这样，就在农夫卖掉的这块土地上，新主人发现了从未被人发现的最大的钻石宝藏。

这个故事是发人深省的，财富不是仅凭奔走四方去发现的，它属于自己去挖掘的人，只属于依靠自己的土地的人，只属于相信自己能力的人。

在你身上拥有钻石宝藏，你身上的钻石宝藏就是潜力和能力。只要你不懈地挖掘自己的钻石宝藏，你就能够成为自己生活的主宰。

心灵悄悄话
XIN LING QIAO QIAO HUA >>>

如果一个人无论是在腰缠万贯还是一文不名的情况下，都能做到"不管风吹雨打，胜似闲庭信步"的从容和优雅，我们便已拥有了一生中最大的财富。

将果断执行的习惯坚持到底

当今世界,机遇是随处可在的,但是,机遇也是转瞬即逝的。面对机遇,只有果断决策,勇敢地快速行动,才有可能取得成功;如果一味地犹豫不决,思前想后,等下定决心的时候就只能看别人的成功了。让自己养成果断的习惯,抢先一步抓住机会,成功就不再遥远。

果断是在优势和劣势、风险和机会面前,总能第一时间认清形势,快速分析出前因后果,并立刻做出决断坚决去办,不要过多犹豫,浪费宝贵时机。在任何时间任何场合,都站在前方,认清利害关系,勇敢表达自己的看法,开始自己的行动,不在乎外界任何的看法和批评,果断做出决定,坚决执行,不浪费时间。

一个年轻人住在美国犹他州的盐湖城,他是一个勤勉的人,工作非常努力,生活非常节俭,他的朋友们都对他的良好习惯赞不绝口。但是有一天,这个年轻人做了一件反常的事,他取出了全部积蓄,一共4000多美元,在纽约的汽车展销处买了一辆新车。在其他人眼中,这个年轻人显然做了一件蠢事,因为汽车在当时还属于很不实用的奢侈品。这之后,年轻人又做了一件他们认为更蠢的事。年轻人把新车开回家之后,立即就将它拆卸了。在将那些零件认真研究一番之后,他又将其组装好。此后的很长一段时间里,这个年轻人将他的车反复地拆了装,装了拆。他身边所有人都没法理解他在做什么,只是不约而同地达成了这样一个共识——这个年轻人是一个不折不扣的傻瓜。

然而,很多年后,那些曾嘲笑这个年轻人的人,不得不改变对他的看

法，因为这个年轻人创建了以自己的名字命名的汽车公司，他的产品因为拥有很多非常有价值的改进和创新，在当时领导了整个美国汽车工业的发展方向。这个获得巨大成功的年轻人就是沃尔特·克莱斯勒。

世界在变，一切都在变，所谓"世事如棋局局新"。如果你决定的事不能勇敢地及时去做，那么在下一秒钟或许就会错过机会……到时候你就只有抱怨了。机会不容许你做事优柔寡断，决定的事就要勇敢去做，切莫畏首畏尾，前怕狼后怕虎。

今天的事，今天就要做完，不要等错过了机会才知道后悔。那样，你将会被永远地关在成功门外。

1956 年，哈默购买了西方石油公司。当时油源竞争激烈，美国的产油区被大的石油公司瓜分殆尽，哈默一时无从插手。1960 年，他花了1000 万美元勘探基金而毫无所获。这时，一位年轻的地质学家提出旧金山以东一片被德士古石油公司放弃的地区可能蕴藏着丰富的天然气，并建议哈默公司把它买下来。哈默重新筹建资金，在被别人废弃的地方开始钻探。当钻到 262 米深时，终于钻出加州第二大天然气田，价值 2 亿美元。

"成事在天，谋事在人"。不努力就想获得成功的人都是异想天开，我们只有及时地把握住眼下的时机，才能有获得成功的机会。在抓住机会的同时，也要迅速行动，抓住机会是获得成功的前提，快速行动则是成功的必备条件。只有抓住机会，将构想赋予行动才会有意义，才可以领先对手，取得成功。

王安博士是华裔电脑名人，在他五岁时，曾发生了一件影响他一生的事。

一天，他外出玩耍，经过一棵大树时，突然掉到他头上一个鸟巢，从里

面滚出了一只嗷嗷待哺的小麻雀。小孩的心是善良的,于是,他决定把它带回去喂养,便连同鸟巢一起带回了家。

走到家门口,忽然想起了妈妈不允许他在家里养小动物。他轻轻地把小麻雀放在门口,急忙进屋去请求妈妈,在他的哀求下妈妈破例答应了儿子。王安兴奋地跑到门口,不料小麻雀已经不见了,一只黑猫在意犹未尽地舔砥着嘴巴。

王安为此伤心了很久。

从此,他记住了一个很大的教训:只要是自己认定的事情,绝不可优柔寡断。

犹豫不决固然可以免去一些做错事的机会,但也失去了成功的机遇。

哲人说:"把握机会是生命放射出的光华。"应该做的事,如果拖延而不马上去做,想待明天、将来再做,有这种不良习惯的人,就是弱者。凡是有力量、有能耐的人,总是在一件事情意味新鲜而且自己充满热忱的时候,就立刻迎头去做。

心灵悄悄话
XIN LING QIAO QIAO HUA >>>

及时地抓住机会才能成功,人生中注注有许多机会降落在你身边,只要你及时地抓住,就会有成功的希望。

选择适合的路坚持专注地走完

开始一件事情,需要的是决心与热忱;而完成一份工作,需要的却是恒心与毅力。缺少热忱,事情无法启动;只有热忱而无恒心与毅力,工作不能完成。

中国有许多优秀的传统和行为规矩,譬如私塾教子弟写字,无论有什么事打扰,也不准写字只写一半。即使这个字写错了,准备涂掉重写,也要将它写完。其中的寓意在于,教育孩子从小养成有始有终的好习惯,将来做事才不会半途而废,轻易放弃。

1952 年 7 月 4 日清晨,加利福尼亚,卡塔林纳岛上,一个 34 岁的女人涉水到太平洋中,开始向加州海岸游过去。如果获得了成功,她就是第一个游过这个海峡的妇女。这名妇女叫费罗伦丝·查德威克,她是第一位横渡英吉利海峡的妇女。

早晨的海水冻得她身体发麻,雾很大,她几乎连护送的船只都看不到。时间一个小时一个小时地过去,千千万万的人在电视上注视着她的一举一动。有几次,鲨鱼靠近了她,被人开枪吓跑,她仍然坚持游下去。

对她而言最大的问题不是疲劳,而是刺骨的水温。15 个小时之后,她又累又冷,全身几乎都麻木了。她感觉到自己无法再坚持下去了,让人将自己拉上护送船。母亲和教练坐在另一条船上,告诉她离海岸已经很近了,让她不要轻易放弃。又坚持了几十分钟,她决定彻底放弃这个计划。

几个小时以后,被拉上船的查德威克身体暖和了许多,突然袭来的挫

折感却深深笼罩了她的身心。她追悔莫及,埋怨自己为什么不相信别人的话而再坚持一下呢?

这是一个有关"坚持"和"放弃"的故事。从某种意义上说,罗伦丝·查德威克的放弃也可以说是虎头蛇尾——放弃自己既定的目标,没有完成计划!

许多人之所以无法取得成功,不是因为他们能力不够、热情不足,而是因为他们缺乏一种坚持不懈的精神。他们做事往往虎头蛇尾、有始无终,做事的过程也是东拼西凑、草草了事;他们对自己的目标容易产生怀疑,行动也始终处于犹豫不决之中,譬如他们看准了一项事业,充满了热情开始做下去,但刚做到一半又觉得另一件事更有前途;他们时而信心百倍,时而又低落沮丧。这种人也许短时间内能取得一些成就,但是,从长远的人生来看,最终一定还是失败者。在这个世界上,没有一个遇事迟疑不决、优柔寡断的人能够获得真正的成功。

当年法国"科幻之父"凡尔纳面对别人对他的刁难和批驳,自信地说:"一个人能够产生想象,一些人就能将这种想象变成现实。一部科学发展史,也可以说是一部把科学幻想变成现实的历史。无线电报的成功,是马克尼梦想的结果;史蒂芬森做矿工时,就梦想着要发明蒸汽机车,他最终革了世界交通工具的命;大西洋的海底电讯是菲尔特梦想的实现,他的梦想,竟把欧洲和美洲联系在一起了! 今日,世界变小,我们称之为'地球村'了。"

你想成功吗? 那么选择一条适合的路坚持专注地走完!

在日常工作中,每个人都有一些未完成的工作——未缝完的衣服,未写成的稿件等等。请将它们找出来整理整理,静下心来继续完成它们。你会发现,一旦完成你会觉得非常快乐。未完成时它们不过是些废物,而你在付出心力完成后,它们都会变成漂亮的成品和值得骄傲的业绩。许多事情并非我们无法做,而是我们不愿意继续做。多付出一分心力和时间,你就会发现自己其实有许多潜在的力量。

随着《哈利·波特》系列小说风靡全球，它的作者罗琳成了英国最富有的女人，她所拥有的财富甚至比英国女王的还要多。她曾有一段穷困落魄的历史，她的成功恰恰在于她坚持自己的信念，她选择了一条路并坚持走完。

罗琳从小就热爱英国文学，热爱写作，而且她从来没有放弃过。当年，丈夫离她而去，罗琳一下子变得穷困潦倒。家庭和事业上的双重失败并没有打消罗琳写作的积极性，为了完成多年的梦想，她成天不停地写呀写，有时为了省钱省电，她甚至待在咖啡馆里写上一天。

就这样，她的第一本《哈利·波特》诞生了，并创造了出版界奇迹，她的作品被翻译成 55 种语言在 115 个国家和地区发行，引起了全世界的轰动。

罗琳从来没有远离过自己的信念，她用智慧与执着赢回了巨大的财富。在她的生活艰难时，她也坚信有一天，她必定会达到事业的顶峰。

一个没有信念，或者不坚持信念的人，只能平庸地过一生；而一个坚持自己信念的人，永远也不会被困难击倒。因为信念的力量是惊人的，它可以改变恶劣的现状，形成令人难以置信的圆满结局。

心灵悄悄话
XIN LING QIAO QIAO HUA >>>

如果做事善始善终，个人就不会失业，企业就不会被淘汰。而如果一味抱着"下一份工作会更好"的想法，工作起来虎头蛇尾，就会永远处于寻找"下一份工作"的状态中。

过早退出是一切失败的根源

计算机科学家高德纳先生的名言:过早退出是一切失败的根源。

我们在尝试新事物的时候,总是会遇到各种各样的困难,不同的人会在碰壁不同的次数之后退出。有的人退出阈值高,这是能坚持的一类人;有的人退出阈值低,这类人很可能遇到一点障碍就退出了。

过早退出的原因往往来自对未来的不确定性和感觉投资最终无法收到回报而产生的恐惧,感受到的困难越大,这种恐惧越大,因为更大的困难往往暗示着完成这个任务需要投资的时间和精力更多。其实我们畏惧的不是困难本身,而是其所暗示的时间经济学意义。

爱迪生的大名举世皆知,他所创造的无数项发明被广泛应用于当今生活的方方面面,甚至有很多发明使得全人类的生活取得了划时代的进步。1879 年,爱迪生成功地改良了白炽灯泡。在此后的 50 年间,他又陆续获得了 1033 项发明专利。

然而,就是这位令全世界都十分敬仰和崇拜的伟大发明家,从小所生活的环境实际上十分困苦。15 岁的时候,他当上了一名电报员,他经常利用自己的业余时间从事各种研究和试验工作。可是他的研究和试验工作最初进展并不顺利,在白炽灯泡成功发明之前,他就曾经遇到过几千次的失败。当时有一些跟随爱迪生一起从事发明工作的人都在中途选择了放弃,在经历了上千次的失败之后,即使能够相信白炽灯泡最终一定会发明成功,这些人也很难再有恒心和毅力坚持下去了。

当时很多人都对他的发明工作感到失望和灰心,劝说他不要再继续

下去，但是爱迪生却说："当我们的第 1000 次实验失败之后，至少证明前面的 1000 种材料都不适合制作电灯的灯丝。"就这样，爱迪生为自己的目标一次次地努力着，绝不放弃，最终也因这种永不放弃的精神与韧性，他成了全世界最伟大的发明家。

任何一个人要想在生活和事业上获得巨大的成功，都必须付出坚持不懈的努力，必须在经历了若干挫折和失败之后，仍然有为了目标而不断前进的信心和勇气。无数的社会现实都告诉了我们这样一条客观规律：无论人们想要在哪些行业和领域取得怎样的进步与成功，在通往成功的道路上永远都不会是一帆风顺的，在前进的道路上总是充满了艰难与挫折；相反，如果人们想要失败和退步，却总是轻而易举——只要不做任何努力，在困难来临的时候主动认输、放弃前进就可以了。

如果你遇到困难，绝大多数情况下你并不孤单，你遇到的问题早就有人遇到过，你踩过的坑里面尽是前人的脚印，不要仅仅因为一时摸不着头绪，找不着出路就退出，问一问自己做出退出的决策是否基于足够的信息，是否进行了足够的调查，是否用尽了全部力气。

古人薛谭向歌唱家秦青学习唱歌，自以为已经满师便告辞回家。秦青弹琴唱歌为他送行，那高亢的歌声响绝森林。薛谭自愧不已，向秦青谢罪并请求继续向他学师，终成大业。

从薛谭学艺这个故事，我们可以知道，学习必须谦虚，持之以恒；不能骄傲自满，半途而废。大凡有学识、德行高尚的伟人，平生必然谦逊并且对学问报以敬意，加上他们做事持之以恒，因此最终成为一位大写的人、成功的人、受人敬仰的人。

面对自己身高不足的先天劣势，邓亚萍通过执着的进取而练就了惊人的技艺。当队友们辛勤训练过后在一旁休息时，邓亚萍却还在拿着球拍奋力练习。她深知自己与队友相比在身高上有劣势，因而必须用加倍的努力才能换取成功。每天晚饭后，当队友回寝室休息后，邓亚萍还在腿上绑着沙袋训练速度与准度。邓亚萍这位"乒坛王后"正是通过执着的

训练而造就的。

物理学家法拉第在观察了大量实验现象后,在日记本上写下:"必须转磁为电!"此后的每一天,法拉第的实验都以失败告终。从1822年到1831年,他的日记中除了日期,都写着同样的一个词:"NO!"但在日记的最后一页,却写下了另一个词:"YES!"正是这位伟大的物理学家9年来对于实验的执著,才成就了磁生电的伟大发现啊!

持之以恒,是个人意志和持久力的表现,是技艺、能力由浅入深、不断深化的条件。孟子曾经说过:"有为者譬若掘井,掘井九仞而不及泉,尤为弃井也。"他的意思是,做事好比挖井,必须持续不断地努力才能有效果。如果仅仅因为挖了几尺还不见水就放弃,那就只能是一口废井,永远不会有清泉涌出。

心灵悄悄话
XIN LING QIAO QIAO HUA >>>

信心,是这样一种奇怪的东西,就算你不能确切地证明未来会更好,你也会坚持下去,你不会过早退出。而终有一天,你会发现生活真的变得更好了。

最浪费时间的一件事就是放弃

　　人们一生中的许多时间，常在跨过乏味与喜悦、挣扎与成功的重要关卡之前就放弃了。最浪费时间的一件事就是太早放弃。人们经常在做了90%的工作后，放弃了最后可以让他们成功的10%。这不但输掉了开始的投资，更会丧失由最后的努力而发现宝藏时的喜悦。

　　如果参观过开罗博物馆，你会看到从图坦卡蒙法老王墓挖出的宝藏令人目不暇接。这座庞大建筑物的第二层楼大部分放的都是灿烂夺目的宝藏：黄金、珍贵的珠宝、饰品、大理石容器、战车、象牙与黄金棺木……巧夺天工的工艺至今仍无人能及。但如果不是霍华德·卡特决定再多挖一天，也许直至今日这些宝藏仍在地下不见天日。

　　1922年的冬天，卡特几乎放弃了可以找到年轻法老王坟墓的希望，他的支持者即将取消赞助。卡特在自传中写道："这将是我在山谷中的最后一季，我们已经挖掘了整整六季了，春去秋来毫无所获。我们一鼓作气工作了好几个月却没有发现什么，只有挖掘者才能体会到这种彻底的绝望感，我们几乎已经认定自己被打败了，正准备离开山谷到别的地方去碰碰运气。然而，要不是我们最后垂死的努力一锤，我们永远也不会发现这超出我们梦想所及的宝藏。"卡特最后垂死的努力成了全世界的头条新闻，他发现了近代唯一一个完整出土的法老王坟墓。

　　很多时候，人们开始一个新工作，或学习新的技艺，然后就在成果出现之前失望地放弃。通常，从事任何新工作都有一段你懂得比周围人少

的困难阶段。刚开始做每件事情都要挣扎，但是过了一段时间，最初有压力的工作就会变得轻而易举了。你可能还记得尝试学另一种语言时的情况。如果你学了几个月就放弃，你学的远不够让你运用自如；但只要再多学几个月或几年，你也许就可以开口谈话、看书、看报纸了。

还有这么一个故事：

一位名叫桑尼耳的法国飞行员在清洗战机时，突然有一只硕大的狗熊出现在他背后，举起两只蒲扇般的前爪向他扑来。在千钧一发之际，桑尼耳闭上双眼，用尽吃奶的力气纵身一跃，跳上了机翼，从而呼救逃生。有必要补充的是，当时机翼离地面的距离至少在2.5米以上。

桑尼耳的传奇经历是否也向人们揭示了一些普遍的意义：当你的生活遇到难题或厄运，乃至生命受到威胁之时，你是选择生还是死？乐观还是沉沦？放弃还是坚持？有一点我们必须清醒地意识到：生活从来都是"狗熊"，你只能积极地应对它，任何过早地轻言放弃都意味着自取灭亡，而任何奇迹的出现都取决于人为的坚持。

同时桑尼耳的故事也向人们诠释了选择的重要性：在桑尼耳"创造"了2.5米的纪录后，在人们的鼓励下，桑尼耳也曾尝试向体育极限挑战，遗憾的是，他再也没有跳上"机翼"，他明智地放弃了种种努力，转而回到他的飞行领域做出了他应有的贡献。可见，我们所说的种种努力，坚持以及不要放弃，都是建立在明智抉择的基础上的，而不是盲目地走一条不归路！

心灵悄悄话
XIN LING QIAO QIAO HUA >>>

你对所选择的目标没有任何退缩的借口与放弃的理由，除非你选择做一个懦夫。

只要想要，注定得到

美国的气象学家洛伦芝曾说过一句影响了全世界的话："亚马孙流域的一只蝴蝶扇动翅膀，会掀起密西西比河流域的一场风暴。"这就是著名的"蝴蝶效应"。一个人心中的信念，就如那蝴蝶的翅膀所扇出的看似微不足道的微风，这微风在人生的岁月里可以不断地加强为一场真正的风暴，摧枯拉朽，以展示生命里不可战胜的力量和壮美！没有信念的支撑，就没有生命的伟大和功业的成就。

少年的拿破仑常沉溺于同龄人所无法想象的冥思苦想中，他疯狂地迷恋着各种复杂的计算，他已学会了用冷静而彻底计算过的理智很好地控制自己的行动。他的行动变得果敢而敏捷，富于战争精神。一种崭新的渴望点燃了他生命的热情，终有一天，他明白无误地告诉自己："是的，我具有最出色的军事家的素质，权力就是我要得到的东西！"清醒的自我意识一旦形成，便发挥出巨大的推动作用。拿破仑在成功之路上连战连捷，势如破竹，55岁时他便登上了法国皇帝的宝座。

拿破仑奋斗的历程告诉我们：积极的自我意识的形成过程是不断和现实抗争的过程，是不断地认识自我、超越自我的过程。

如果把人生比作千里之行，那么做人要脚踏实地，一步一个脚印地走。哪怕有一千里路那么遥远，只要一步一步地走就能跨越它。人生也是如此，如果你没有目标，没有向着目标努力奋斗过，那就如同原地踏步，到了最后，你会发现自己还是待在老地方，除了满头白发、一脸皱纹，什么

都没有;回顾自己的一生,如处在云里雾中,一团混沌,一片空白。美国前总统布什说,"我不会做"这样的人,在没有开始之前就已经投降了。坚持梦想,最重要的是自信,而自信会体现在平日的言谈举止中。

还在上高中时,金泳三就在寝室的墙壁上挂着一张醒目的横幅:"金泳三——未来的总统。"这是金泳三的梦想。当时全班同学都讥笑他是"痴人说梦话"。但是,金泳三对此毫不在意,他的人生格言是:即使拧断了公鸡的脖子,黎明照样还会来临。果然,在50年后——1992年进行的韩国第14届总统选举中,执政的民自党候选人金泳三战胜在野的民主党候选人金大中、统一国民党候选人郑周永,成为韩国历史上首位文人出身的总统。

如果有人耻笑你的梦想,就请你想想成功学家拿破仑·希尔的话吧:"不管你想做什么事,只要你想做,就会成功;不管你想成为什么样的人,只要你想,就能成为什么样的人。"你可以做任何事情,首先要有梦想,然后努力工作,终有实现梦想的一天。梦想是带你走向成功的第一步,有梦想不一定能成功,但是没有梦想一定不会成功。那么如何激发心中的梦想呢?将梦想具体化,把梦想设立为具体的目标,并且由小到大地整理出来,再把目标上升为信念。

一个人如果有了奋斗的目标,却天天躺在梦想上做白日梦,那样也是不会获得成功的,只有行动才是由理想达到现实彼岸的桥梁,此时梦想就成为支撑你去努力奋斗的源泉。

心灵悄悄话
XIN LING QIAO QIAO HUA >>>

自助者天助,我们的付出会感动上苍,获得成功的垂青。想到、做到、得到,这是走向成功的"三步曲"。

人生因坚持而富有

约翰逊说："伟大的作品不是靠力量，而是靠坚持来完成的。"

小时候总美慕大人们能够挣工资，梦想着自己长大后也能像大人一样每月拿到工资。随着年纪的增长，我渐渐地发现，只拿工资，平淡度此生，并不是我的终极目标。在自己多年的打拼过程中，我发现只有那些不满足于现状的人才能真正成为富翁。

如果你已习惯朝九晚五的上班族生活，整天上班、下班，日复一日，任凭岁月消逝，而且满足于这种状态，那么你一定成不了富翁。一个积极地想要赚钱的人，绝不以温饱为满足，一定想要让生活多彩多姿，天天充满赚钱的活力。具备了这个条件，再冷、再热的天气，再苦、再累的工作，你都会心甘情愿地去做，而当你养成了这个赚钱的"习惯"后，财富自然会愈来愈多。

有钱人是怎样取得财富的呢？他们比你富一千倍，就能说明他们比你聪明一千倍吗？绝对不是。现代科学表明，人的资质相差不多，人之间的差异大多是在后天造成的。想想看，你的中小学同学、大学同学，毕业时大家起点一样，而过了五年、十年、十五年后，同学再聚会时，你会发现大家各不相同，有的人开着奔驰、宝马，而有的人骑着自行车，大家的差距由此可见。同学之间的智力差距就真差那么多吗？绝对不是！人生成功的关键在于对人生目标的坚持。

日籍韩裔富豪孙正义19岁的时候曾做过一个50年生涯规划：20多岁时，要向所投身的行业宣布自己的存在；50多岁时，要有1亿美元的种

子资金,足够做一件大事情;40多岁时,要选一个非常重要的行业,然后把重点都放在这个行业上,并在这个行业中取得第一,公司拥有10亿美元以上的资产用于投资,整个集团拥有1000家以上的公司;50岁时,完成自己的事业,公司营业额超过100亿美元;60岁时,把事业传给下一代,自己回归家庭,颐养天年。现在看来,孙正义正在逐步实现着他的计划,从一个弹子房小老板的儿子,到今天闻名世界的大富豪,孙正义只用了短短的几十年。

富人与穷人的区别就在于富人有自己明确的奋斗目标,并持之以恒地坚持下去。当你确定好人生目标时,才能成为一艘有航行目的的船。

对现在流行的"迷你裙"始终如一的坚持,不但造就了玛丽·奎恩特"迷你裙之母"的地位,也为她带来了滚滚的财富。

1954年,玛丽·奎恩特出生在英国威尔士的阿伯腊斯特威思,她是一个教师的女儿。18岁她到了伦敦,就读于伦敦金饰学院绘画系,毕业以后在女帽商埃里克的工作室里开始她的设计生涯。她的设计对象,恰是针对当时还未引起人们注意的少女时装。当时女孩们衣着毫无特色,通常是穿着母辈的老式衣服。玛丽说:"我时常希望年轻人穿上她们自己所喜欢的衣服,它不是古板过时的,而应是真正20世纪的年轻女装。但是,我知道这一工作尚未引起人们足够的关注。"

20世纪50年代,正当英国街头的时髦青年身穿奇特的黑色服装,骑着摩托横冲直撞时,一位来自威尔士的年轻女子玛丽·奎恩特的服装设计使时髦青年的时髦衣着变得微不足道了。

1955年,年轻的玛丽·奎恩特和丈夫亚历山大·普伦凯特·格林在伦敦著名的英王大道开设了第一家"巴萨"百货店。他们的服务对象是青年,玛丽·奎恩特推出的第一件服装,就是后来名闻遐迩的"迷你裙"。

虽然当时他们俩的产业极小,属时装界的无名之辈,但是他们的坚持和这种微弱的震动,却是具有划时代意义的一步。1965年,迷你裙风靡

全球,这种造型成为国际性的流行样式的同时,也为他们带来了无尽的财富,玛丽·奎恩特赢得了全世界的胜利。

"生活的道路一旦选定,就要勇敢地走到底,决不回头。"这位叱咤风云的女设计家很快成为一个精明的企业家,她的公司由捉襟见肘的小本经营发展到年收入1200万美元,她的经营范围遍及许多国家,仅美国就有320位经销商,她已成为千万富商行列中的一员。

人们都可能有怀才不遇的时候,有受压制、受阻碍、被埋没的时候,但如果因为一时的不如意、被埋没而放弃心中的信念,那生命就会成为一具空壳,永远开不出希望的花朵来。无论你生活的前景是多么的暗淡,哪怕看不到一丝亮光,你心中的信念也千万不要放弃,要把信念的种子耐心珍藏。

心灵悄悄话
XIN LING QIAO QIAO HUA >>>

石头也有翻身之日,总有那么一天,总有那么一缕机遇的阳光会来亲吻你,就像那埋没千年的种子也能等来美丽的发芽。

成功往往源于再坚持一下

时间飞逝，斗转星移。在人生的道路上谁都想有所收获。你也许在纷繁复杂的人生道路上，遇到过种种挫折、失落、失败，于是你退缩了；你也许在热火朝天的人生道路上遇到过太多的机遇，可是你放弃了；你也许在眼花缭乱的人生道路上辨不清方向，于是你迷失了；你也许在追求成功的人生道路上有太多的急功近利，于是你丧气了；你也许在人生的十字路口上不停地徘徊，于是你困惑了；你也许在滚滚红尘中遇到了种种诱惑，于是你堕落了；你也许在漫漫人生路中遇到了种种苦难，于是你逃避了……

每个人在年少轻狂、激情澎湃的时候都曾有过远大的理想："我长大后要当一名科学家"，"我要当一名医生"，"我要当一名作家"……但当我们置身于现实生活中时，我们才明白，其实，是社会中的各种职业在选择我们，而不是我们去选择职业。大多数人因此萎靡不振，彻底放弃了自己当初的理想，得过且过，当一天和尚撞一天钟。

目标有时遥遥无期，总也望不到头。你也许正在艰难中坚持却倦怠不已，假如这时放弃，以前的努力都将白费，所花的心血都是徒劳；而只要再坚持一会儿，再加一把劲儿，眼前就有可能是别有洞天，豁然开朗。当你拨开迷雾重见阳光的一刹那，你会觉得所做的再苦再累都是值得的。坚持不是忍耐，它不是原地踏步，它是在逆流中向前，是顶着压力向上，它是积极地争取，而不是无奈地等待……你也许正在黑暗的夜色中摸索，但紧接着到来的不就是光明的早晨吗？

　　重庆南川区铁村乡农民韦强，通过七年的不懈努力，创作并出版了25万字的长篇小说《黄土情》。该书还入选八部"献给重庆直辖十周年"的文学丛书之一。韦强今年58岁，只上过高中。他种过庄稼，下过煤窖，修过楼房。2001年以来，他利用打工的空闲，白天工作，夜晚写作，几易其稿，终于实现了他的文学梦想。是什么力量支撑着他？韦强回答说："是生活给了我灵感，是坚持给了我成功。"

　　如果你从年轻时候就立志要做一番事业，确定了目标，就要抓住不放，哪怕处境多么不利，遭遇多大困难，咬紧牙关，硬着头皮，拼着性命也要干。我国第一个乒乓球单打世界冠军容国团说："人生能有几回搏?!"在紧要关头，在关键时刻，就是要敢于拼搏，勇于拼搏。成功的人生，就是那样拼搏得来的。即便是经过了奋斗拼搏终归失败，艰苦地磨炼也已经使你的人格得了升华，令人肃然起敬："他已经尽力了!"将来回顾自己丰富多彩的一生，你也就拥有许多难忘的、珍贵的回忆，觉得这辈子没有白过。

　　英国有一位叫约翰·克里西的作家，年轻时勤奋写作，但受到了接二连三的沉重打击，共收到745封退稿信。他说："不错，我正在承受人们所不敢相信的大量失败的考验。假如我就此罢休，所有的退稿信都将变得毫无意义。但我一旦获得成功，每封退稿信的价值都将重新计算。"到他逝世时为止，约翰·克里西一共出版了564本书，无数的挫折因他的坚持不懈而变成了惊人的成功。

　　做事半途而废，其实是不明白人生历程实质就是克服困难的过程这一道理。在遇到困难的时候，首先想到的就是挫折可能带来的种种伤害。对自己没有把握，自认为能力不够，同时，总是看到事物消极的一面，因而显得胆小、脆弱、忧虑、犹豫。随着事态的发展，害怕程度与日俱增，害怕承担责任，于是开始推卸责任。推卸责任最常见的方式就是埋怨与责怪，

以进为退,为自己开脱,似乎总是他人不对,极端的情况便是否定现实,扩大障碍,以期用别人的同情来掩盖自我空虚,一旦找到借口,便主动打退堂鼓,最终半途而废,无所作为。

美国纺织品零售商协会做过一项研究:48%的推销员在第一次拜访之后,便放弃了继续推销的意志;25%的推销员,拜访了两次之后,也打退堂鼓了;12%的推销员拜访了三次之后,也退却了;还有5%的推销员,在拜访过四次之后放弃了;仅有10%的推销员锲而不舍,一而再,再而三地继续登门拜访,结果他们创下了占全部销售量80%的销售业绩!由此可见,障碍不是来阻挡你的,而是来帮助你成功的;障碍会让你明白,你现在的失败是因为缺乏信息,还是因为能力不足,抑或是因为不够努力。

再坚持一下,是一种坚忍的意志,在艰难困苦时,能够不动摇,不气馁地去坚持;再坚持一下,是一种信念,能够在毫无希望的黑暗中,尽其所能地去努力;再坚持一下,不单单是一种信念,更是一种生活方式!

心灵悄悄话
XIN LING QIAO QIAO HUA >>>

当我们面对艰难困苦时,只要我们不放弃,忍耐着,坚持着,当走过黑暗与苦难的长长隧道之后,或许就会发现,平凡如沙的自己,已经不知不觉地长成了一颗珍珠。执着追求不一定会成功,但放弃了就一定不会成功。

第六篇 >>>

坚持理想，决不放弃

由现实通往理想的路是一条充满艰难险阻的曲折之路，有赖于脚踏实地、持之以恒地奋斗。要实现理想、创造未来，就必须有战胜种种艰难险阻的坚定不移的信心和坚忍不拔的毅力。在实现理想的重任中，遭遇到一点困难、曲折或失败，就灰心丧气、悲观失望甚至动摇理想信念的人，不可能将理想最终变为现实，也不可能体会到实现美好理想的巨大幸福。

美国诗人休斯说："紧紧抓住你的梦想，一旦梦想消亡；生命就像断翅的鸟儿，再也不能飞翔！"梦想创造了我们的生活，赋予了我们生活的意义。

兑现梦想要坚持

在这个物质日益丰富的社会，人的精神却常常空虚。注重物质的人多了，热衷于权力的人多了，坚持理想的人少了，而始终能坚持理想的人就更少了。要知道，坚持理想这四个字，曾凝结了多少辉煌，它由一个词组延伸为一种精神、一种荣耀。

如何将自己的梦想坚持到底呢？我个人的观点是坚持，再坚持，永不放弃。

一个叫布罗迪的英国教师，在整理学校教学楼阁楼上的旧物时，发现了一沓作文本，上面是这个学校的 51 位孩子在 50 年前写的作文，题目叫《未来我是……》。

布罗迪随手翻了几本，很快便被孩子们千奇百怪的自我设计迷住了。比如，有个叫彼得的小家伙说自己是未来的海军上将，因为有一次他在海里游泳，喝了三升海水而没被淹死；还有一个说，自己将来必定是法国总统，因为他能背出 25 个法国城市的名字；最让人称奇的是一个叫戴维的盲童，他认为，将来他肯定是英国内阁大臣，因为英国至今还没有一个盲人进入内阁……总之，31 个孩子都在作文中描绘了自己的未来。

布罗迪读着这些作文，突然有一种冲动：何不把这些作文本重新发到他们手中，让他们看看现在的自己是否实现了 50 年前的梦想。当地一家报纸得知他的这一想法后，为他刊登了一则启事。没几天，书信便向布罗迪飞来。其中有商人、学者及政府官员，更多的是没有身份的人……他们都很想知道自己儿时的梦想，并希望得到那本作文本。布罗迪按地址一

一给他们寄了去。

一年后,布罗迪手里只剩下戴维的作文本没人索要。他想,这人也许死了,毕竟50年了,50年间是什么事都可能发生的。

就在布罗迪准备把这本子送给一家私人收藏馆时,他收到了英国内阁教育大臣布伦克特的一封信。信中说:"那个叫戴维的人就是我,感谢您还为我保存着儿时的梦想。不过我已经不需要那本子了,因为从那时起,那个梦想就一直在我脑子里,从未放弃过。50年过去了,我已经实现了那个理想。今天,我想通过这封信告诉其他50位同学:只要不让年轻时美丽的梦想随岁月飘逝,总有一天它会变为现实出现在你眼前。"

布伦克特的这封信后来被发表在《太阳报》上。他作为英国第一位盲人内阁大臣,用自己的行动证明了一个真理:假如谁能为了五岁时想当总统的愿望执着地努力奋斗50年,那么他现在一定已经是总统了。

理想,是我们自己确定的人生价值的最大值。只有逐渐地接近理想,才能获得更为充盈的人生,才能长久地支撑着"人"的一撇一捺。

英国科学家史蒂芬·霍金20岁以前,还是一个无忧无虑且才华横溢的小伙子。21岁的时候,他突然被告知患了肌肉萎缩症,医生宣布他只剩两年的生命!这个消息对于普通人来说也许只意味着绝望和死亡,但是他没有向命运低头,他以顽强的意志力和一颗追寻梦想的心,使生命一直坚持了60多年,并通过向别人口授完成了科普名著《时间简史》。

欧洲文艺复兴时期的著名画家达·芬奇,从小爱好绘画。父亲送他到当时意大利的名城佛罗伦萨,拜名画家佛罗基奥为师。老师要他从画蛋入手。他画了一个又一个,足足画了十多天。老师见他有些不耐烦了,便对他说:"不要以为画蛋容易,要知道,1000个蛋中从来没有两个是完全相同的;即使是同一个蛋,只要变换一下角度去看形状也就不同了,蛋的椭圆形轮廓就会有差异。所以,要在画纸上把它完美地表现出来,非得下番苦功不可。"从此,达·芬奇用心学习素描,经过长时期勤奋艰苦的

艺术实践,终于成为一代大师,创作出许多不朽的画作。

类似的故事还有很多,它们都告诉我们要完成既定的目标就必须坚持,坚持,再坚持,没有锲而不舍、坚持到底的精神,就很难收获。

美国总统布什的名言:说"我不会做"的人,在没有开始之前就已经投降了。现实通往理想的路是一条充满艰难险阻的曲折之路,有赖于脚踏实地、持之以恒地奋斗。要实现理想、创造未来,就必须有战胜种种艰难险阻的坚定不移的信心和坚忍不拔的毅力。

心灵悄悄话
XIN LING QIAO QIAO HUA >>>

在实现理想的过程中,遭遇到一点困难、曲折或失败,就灰心丧气、悲观失望甚至动摇理想信念的人,不可能将理想最终变为现实,也不可能体会到实现美好理想的巨大幸福。

为理想勇敢地坚持

古往今来,能够在事业上取得成就的人是很多的,他们的成就令人敬佩,他们的荣誉令人羡慕,人们也常渴望能取得他们那样的成就。那么该如何做呢? 我认为在孩子年少时,就应在其心灵深处埋下一颗理想的种子。理想是人生的奋斗目标,有了自己的理想,就有了方向,再加强学习,坚定信念,通过自己的不懈努力,终能够到达理想的彼岸。

尽管在北京电影学院的入学考试中落榜,尽管外界的流言蜚语曾经让她遍体鳞伤,在张艺谋面前无惧地表现自我、《一个都不能少》的"童星"魏敏芝,还是有那份勇气再去参加西安外国语学院影视学院的招生考试。她成功了,顺利迈进了影视学院的大门,圆了做导演的梦。做梦的勇气让她有了动力,让她有了今天。

好运不总落到我们身上,但若努力尝试,成功的大门仍然会为我们打开;相反,现实生活中,多少人连尝试的胆量都没有,多少平庸的人,在徘徊着,在踌躇着,或者因为受到别人的冷嘲热讽、流言蜚语,而不再敢做梦。要知道,"留得梦想在,不怕没机会",我们应该揣着希望的心,朝着梦想进发。

或许现在掌声不为你响起,鲜花不为你而传递,但请相信你自己,勇敢地尝试,最终定能到达理想的彼岸。

当年迪斯尼为了实现建立"地球最欢乐之地"的美梦,四处向银行融

资,可是被拒绝了 502 次之多,每家银行都认为他的想法不切实际。其实并不然,迪斯尼并不这样认为,他有远见,尤其是有决心实现自己的梦想。到了今天,每年都有上百万游客享受到前所未有的"迪斯尼欢乐",这完全归功于迪斯尼坚持不懈的信念。

有这样一种力量,它可以使人在黑暗中不停止摸索,在失败中不放弃奋斗,在挫折中不忘记追求。在它面前,天大的困难微不足道,无边的艰险不足为奇。这种力量就叫信念。

仔细研究就会发现,那些拥有巨额财富的人都具有同迪斯尼一样的特点:不轻易为"拒绝"所打败,都有不达成理想、目标、心愿就绝不罢休的坚定信念。只要我们能不断辛勤灌溉我们所种下的"种子",坚持到底,终会有收获的一天。

翻开任何一个英雄或伟人的传记,都可以清楚地看到,他们之所以最后能走向成功,并非是因为他们幸运,而是因为他们有着坚定的信念。

宋代爱国诗人陆游,一生都在为恢复中原故土而奔波操劳,临死前也不忘嘱咐儿子"王师北定中原日,家祭无忘告乃翁"。他的那种"位卑不敢忘忧国"的情怀感动了无数的热血男女,"零落成泥碾作尘,只有香如故"是他一生理想追求的真实写照。

历史是漫长的,人生是短暂的。我们应该有比前人更高的奋斗目标、更美好的理想、更坚定的信念,乘风破浪,一往无前。

心灵悄悄话
XIN LING QIAO QIAO HUA >>>

锲而舍之,朽木不折;锲而不舍,金石可镂。理想和坚持行动是不可分的。

坚持想做的事情

获得成功和快乐的秘诀是什么？有人说是财富。其实并不是。获得成功和快乐的法则很简单：做你想做的事！唯有如此，你才能获得事业上的成功，才能过上高品质的生活。

冲破世俗的罗网，冲破内心的矛盾，真实地做一次选择。有勇气和魄力、有意志和毅力的人，才能从生活的沼泽地中走出来。只有找到自己想做的事情，你才会努力去改变现状。做你想做的事，说你想说的话，真实地面对自己，尊重内心的感受，这也是人生一大快事。

人这一辈子，太短了，不要压抑真实的感情。人生弹指一挥间，如白驹过隙，刹那芳华，回首已是百年身。有许多人敢于抛弃舒适、安逸、平庸的工作而放开手脚大干一番。

台湾苗栗山中有一个画家，画的是比照片还要精细的画，光是一片叶子就要染色好几次，简直是呕心沥血。十年前，他在台北搞广告设计，是不可一世的才子，随便画个插图也要很高的价钱，订单接不完。但他不快乐。

有一天他开车出外散心，车开得很快，突然一个急转弯，像要翻倒了。他把车停下，发现自己在悬崖边，只要稍不小心就会掉到山谷下。他猛然醒悟，觉得人生无常，不该在赚钱的事业上虚耗生命，于是回到家，收拾画笔，搬进山里，一无所求地作画。当然，他积存了一些钱，不至于挨饿，而且所画的画也可以卖出去，最重要的是他做的是自己喜欢和追求的事。

　　是的，只有做自己想做的事，才能找到乐趣，才会开心；只有做自己想做的事，才可能全力以赴，并取得最大的成功；只有做自己想做的事，走自己想走的路，才能始终充满希望，找到真正属于自己的人生殿堂，得到真正的幸福。

　　《生命咖啡馆》的作者约翰·史崔勒基原来是一个在企业中担任主管的高薪人士。2001 年，他觉得工作乏味，痛苦难熬，就和妻子背起背包，开始自助环球旅行，以九个月时间，横跨五大洲五十几个国家。旅行中，他对生命有了新认识。回到美国，他决定用故事形式把他对生命的认识写下来。他只花了二十天就写完一本书。开始他只是想让更多朋友知道自己的想法，于是自费出版，没想到短短一年就成了畅销书。书的主旨就是：人生应该做自己想做的事，而不是应付别人要你做的事。

　　当然，人不管精力有多充沛，能力有多强，如果什么都做，又企图做好每件事，不懂得应该集中精力先做好该做的事，再去做想要做的事，那么他最终的结局肯定是失败的。什么事都做意味着什么事都不能做精做好，毕竟人的精力有限。很多人把某个阶段应该放在主要位置上的事抛至脑后，随心所欲，结果留下了一生的遗憾。恰恰相反，成大事的人懂得按照事情的轻重缓急来做，他们永远记得要在正确的时间做正确的事情。在应该做的事和想要做的事发生冲突时，他们会从全局的角度出发，控制自己的欲望，去做成大事前应该做的事，等机会成熟后，不妨再试一次。

　　电话打不通，在你放弃之前，再试一次！计划不成功，在你放弃之前，再试一次！考试不过关，在你放弃之前，再试一次！东西坏了，在你扔掉之前，再试一次！如果有一天，每个人都说你没希望，不要气馁，再试一次！很可能，你这一试，就成功了！

　　对人的一生来说，一帆风顺是幸运，而更大的可能是，你随时都得有迎接挑战和接受挫折的准备。很多事情，都不是一蹴而就的，在挫折面前，要做到挫而不折，要勇敢地对自己说：再试一次！下一次，你也许真的

就成功了。

有个年轻人去微软公司应聘，而该公司并没有刊登过招聘广告。见总经理疑惑不解，年轻人用不太娴熟的英语解释说自己碰巧路过这里，就贸然进来了。总经理感觉很新鲜，破例让他一试。面试的结果出人意料，年轻人表现糟糕，他对总经理的解释是事先没有准备。总经理以为他不过是找个托词下台阶，就随口应道："等你准备好了再来试吧。"一周后，年轻人再次走进微软公司的大门，这次他依然没有成功。但比起第一次，他的表现要好得多。而总经理给他的回答仍然同上次一样："等你准备好了再来试。"就这样，这个青年先后五次踏进微软公司的大门，最终被公司录用。

再试一次，是一种坚信成功的执着追求。我们每个人的人生道路都不是一条平凡无奇的坦途，会有荆棘，也会有山重水复疑无路的困境，但，只要我们不放弃，失败了，从倒下的地方站起来，对自己说一句"再试一次"，就终会有柳暗花明的一天。

爱因斯坦小时候上手工课时制作小板凳，做的第一个小板竟很差，于是他又重新做了一个，仍然不好，他就又做了第三个……制作小板凳和发明相对论之间没有必然的联系，但这种永不言败的精神，却是爱因斯坦后来取得那么多成就所必须具备的。

越是追求卓越，成功需要付出的努力就越多，失败的概率也就越高，这就要求你把"再试一次"作为一条人生信念，坚持，再坚持，总有一天，你会抵达成功的彼岸。

"再试一次"代表的是一种永不言败的精神，是一个真理渐进的过程。须知，发现一个真理决不会像发现树上的一只鸟那样简单，这个过程往往会失败几百次甚至上千次。

人的一生不可能每次都辉煌，人生的每次成功都是由一次次的经验累积而成。请把失败当作一种不凡的经验，而不是障碍。在人生的道路

上，在奋斗的旅途中，你想拾级而上，就需要自己开路造阶，而一次次的经验就是我们前行的阶梯。

如果你能学着向前倾倒，最多不过是双手撑地，略加思索失败的原因，就可立刻起身去迎接另一个挑战。然后，再把这次挫折看作是另一次的经验，将来就可以避免重蹈覆辙。

你也不必羡慕成功登顶的人，而对自己的屡屡失败嗟叹不已，因为全世界最成功的人里，绝大多数是失败次数多的人。许多人只看到成功上面美丽的光环，却很少有人注意到成功背后隐藏的艰辛。能够一蹴而就的人寥寥可数，每一个成功者都要付出努力的汗水。

再试一次的勇气让爱迪生在失败一千多次后发明出钨丝电灯泡；再试一次的信心让福楼拜在十九次退稿后得以发表自己的作品；再试一次的胆量让邓稼先在多次失败后获得两弹一勋。敢于对挫折说"不"是成功者的共同点。

成功需要挑战，我们要勇敢接受挑战。只要我们找准方向，一次次探索，那么终有一天会到达成功的顶峰，拥抱灿烂和辉煌。

心灵悄悄话
XIN LING QIAO QIAO HUA >>>

人生的道路不可能是一帆风顺，挫折与困难在所难免，但是它们也是一种财富。只要认真总结经验，找出失败的原因，继续尝试，最终必将会拥抱一片灿烂和辉煌。为了成功，"再试一次"吧！

坚持与命运对弈

华盛顿说："成功的大小不是用这个人达到的人生高度衡量,而是由他在成功路上克服的障碍的数目来衡量的。"

人生就是一盘棋,与你对弈的是命运。即使命运在棋盘上占尽优势,你也不要推盘认输,而要笑着面对,坚持与命运对弈下去,因为人生往往就在坚持中转机。

历史的车轮要激情来推动,人生的画卷要激情来描绘。拥有激情的人永远昂扬着,永远潇洒着,永远是意气风发、英姿勃勃的;没有激情的人就只会自哀自叹、怨天尤人。

霍金是当代最杰出的理论物理学家之一,一个科学巨人,或许,我们更应该这样说,他是一个坐着轮椅、挑战命运的勇士。

霍金出生于1942年,在17岁时进入牛津大学学习物理。霍金在学校里与同学们一同游荡、喝酒,如果这样发展下去,那么他很可能成为一个庸庸碌碌的职员或教师。然而,病魔出现了。刚过完21岁生日的霍金在医院里住了两个星期,经过各种各样的检查,他被确诊患上了"卢伽雷氏症",即运动神经细胞萎缩症。

永远坐进轮椅的霍金,在逆境中极其顽强地工作和生活着。

1985年,霍金完全失去了说话的能力。他就是在这样的情况下,极其艰难地写出了著名的《时间简史》,探索着宇宙的起源。从宇宙大爆炸的奇点到黑洞辐射机制,霍金对量子宇宙论的发展做出了杰出的贡献,获得了1988年的沃尔夫物理学奖。

霍金的科普著作《时间简史》在全世界的销量已经高达 2500 万册，从 1988 年出版以来一直雄踞畅销书榜，创下了畅销书的世界纪录。

"苦心人，天不负"，霍金的经历确实向我们证明了这一规律。

美国著名作家海明威因他的小说《老人与海》被授予诺贝尔文学奖，凡是知道海明威的就没有不知道《老人与海》的，这部世界性的名著拥有很多国家的读者。书中表现了人性中最可宝贵的英雄主义精神和绝不向命运低头的战斗精神。厄运和失败是现实生活中的一种客观存在，莱蒙托夫有一句很有名的诗："没有痛苦还成什么人的生活？没有风暴还成什么海洋？"厄运、失败并不可怕，可怕的是像很多平庸的人那样被吓倒，自己先缴械投降。在事业上或者生活中遇到这样那样的挫折和不幸的时候，请看看《老人与海》吧！

挫折是弱者难以逾越的鸿沟，是强者积蓄力量的地方。我们都是伴着哭声来到人间，也必将带着些许叹息离开人世，这似乎预示着要让我们的生活一帆风顺是不可能的。生活中有欢乐也有悲伤，有健康也有病痛，有幸运也有灾难，有成功也有失败。"莫说江头风浪险，更有人间行路难"。假使生活没有挫折，不就如同一幅画只有满眼的鲜亮，一首歌全是嘹亮的高音？那岂不画不成画、调不成调了吗？

在遇到挫折的时候，一定要记住：失败是成功之母；失意时莫丧志，得意时莫猖狂。在生活中实现自己的理想、达到自己的目的，并不是轻而易举的事情，在不断失误、不断改进中摸索前进，在艰难的遭遇里百折不挠。有位诗人说得很好："遇到挫折和困难，尽管走过去，因为，鲜花自会一路开放。

在英国伦敦，有一片古老的建筑，这些建筑大多是在古罗马人沿着泰晤士河进攻英国的时候建造的。为了开辟新的街道，英国政府拆除了这些陈旧的楼房。但由于种种原因新建筑久久不能开工，人们发现，在这片废墟上竟长出了一些野花。令人们惊奇的事，这些野花在英国从来没有

见过。后来，经过自然科学家考证，这些野花的种子多半是那个时候古罗马人带到这里的，它们被压在沉重的石头砖块之下，一年又一年，失去了生长发芽的机会。然而，一旦有了发芽生长的机会，它们依然能够顽强地成长出来。

我们的祖国历史悠久，文明源远流长。在五千年的历史长河里，也有许许多多百折不挠的故事给人留下深刻的印象。这其中就有百折不挠的蜀汉皇帝刘备。

刘备起于微末，乱世中最初以织草席为生。他的一生经历了太多的坎坷、太多的磨难，但他最终建立起了自己的帝国，成就了一代帝业。刘备能够成为三国时笑到最后的三位君主之一，一个很重要的原因就是他比别人更有毅力，能够忍受别人无法忍受的痛苦和失落。他一生坎坷与艰辛，不是孙权与曹操可以比的，他在三国中也许是打败仗最多、失败次数最多的君主，虽然他的人生旅途充满了艰辛，在帝王的路上不知道跌倒了多少回，但是他没有因为接连不断的失败而气馁，他不曾有一刻的懈怠，他始终朝着自己的目标奋斗不止，百折不挠，一直向前不后退，不论遇到什么困难，都不曾低头。所以，我们认为：刘备的成功不止出于诸葛亮的谋划，更多凭借的是他自己的努力和永不屈服、百折不挠的英雄气概。

英雄百折不挠，正义才能自豪地无所畏惧；岁月百折不挠，人类才能拥有成熟与睿智；追求百折不挠，人生才能放射出灿烂瑰丽！百折不挠地面对失败，不畏惧失败，你就将驾驭成功！

坚持考验意志，坚持是意志力顽强的表现。坚持，不是口头上的豪言壮语，而是要求人们付诸行动，从一点一滴做起，不怕困难不怕挫折，顽强拼搏，甘于寂寞，乐于清贫，脚踏实地，经得起艰难困苦等考验，这才是追求卓越的重要前提。坚持是一种精神，只有坚持，才能有效地展开并实现人生的追求。

只要有坚定的信念，就有可能发生奇迹。因为梦想是人生活的原动力，有了梦想，就充满希望，有了希望，就会努力地朝着这个方向去努力，所以坚定的信念是激发人的意志、智慧、能力的催化剂。

春秋时期吴国和越国交战，越国战败，越王勾践被送到吴国做人质。吴王为了侮辱勾践，让他住在石屋里，白天让他看马，晚上则要他替自己脱靴、更衣，甚至连上厕所也要勾践伺候。

两年后，吴王见勾践老老实实，认为他毫无反抗之意，就放勾践回国了。回国后，勾践立志报仇雪耻，他在休息的地方铺上杂草，在房子里挂了一个苦胆，每次吃饭之前，都要尝一下苦胆，以提醒自己不要忘记当年所受的羞辱和百姓的疾苦。在他的励精图治之下，越国的国力大大增强，最后终于打败了吴国。越王勾践作为阶下囚，受到了莫大的羞辱，但他没有沉沦，经过多年努力，终于一洗前耻，成为一代霸主。他身上的那种坚贞不屈、百折不挠的意志是他获得胜利的根本原因。

百折不挠，是一种精神，一种对人生和事业的态度。坚持百折不挠，就是坚持生命不息，奋斗不止。百折不挠的人，是在逆境中不怕风雨、敢于与命运抗争的奋斗者；百折不挠的人，是不甘于在平庸中虚度岁月、探寻人间奇迹的拓荒者；百折不挠的人，是敢于摆脱落后和愚昧、创造文明成果的奉献者。百折不挠，是一个至高无上的精神境界；百折不挠，是一个艰辛的奋斗历程。

心灵悄悄话
XIN LING QIAO QIAO HUA >>>

要做到百折不挠，需要一个人付出巨大的勇气、力量和才智。为百折不挠喝彩，就是为奋斗着的生命喝彩。坚持百折不挠，就会拥有一份属于你自己的美丽！

坚持是心想事成的推手

有人说，成功与失败最终取决于意志的较量。心理学研究也表明：凡有惊人成就的人，他们所表现出来的意志品质主要有自觉性、果断性、坚持性、自制性。由于完成目标一般需要相当长的时间，所以这其中对我们考验最多的就是坚持性。

项羽在少年时代，有一次看到秦始皇南巡的壮观场面时，对其叔父说："彼可取而代之！"吓得其叔父忙掩其口。但他后来果然成了西楚霸王。马丁·路德·金说："可以接受有限的失望，但是一定不要放弃无限的希望。"为了把希望变成现实，朋友，你坚持了没有？如果你现在的能力还不足以实现自己的理想，那么，请在接下来的日子里，认真汲取知识激发自己内在的动力，努力让自己的理想成为现实吧！

少年时代的毛泽东，在十四五岁的时候，因读了一本《英雄传略》，便决心要做中国的林肯，并对自己的能力坚信不疑。为了实现这一伟大的人生目标，他勇敢地走出了韶山冲。这个农民的儿子，终成为中华人民共和国的开创者。

有人说："理想是理想，未必能实现。"但没有理想的人生是茫然的，找不到自己的奋斗目标，从而迷失在汪洋的大海，荒废在干炽热燥的沙漠里。从童年起，我们纯真而幼小的心灵上就灌溉了人生与理想的知识，从此我们就会在理想的召唤下勇敢地成长和生活下去；当步入人生末年，打开回忆录时，才会发现自己走过来的路是多么曲折而生动。你也许会对自己年轻时的勇敢与智慧感到自豪，也可能对自己的愚昧和无知而感到

可笑，不管怎样，你都会感到快乐和幸福。但是当你步入晚年，发现没有为自己的梦想而奋斗过时，那真是人世间最悲哀的事了。

理想是舵，信心是帆，勤奋是桨，成功是岸。握紧你手中的舵，张开帆，滑动桨，总有一天能驶到岸边。

华罗庚中学毕业后，因交不起学费而被迫失学，回到家乡。他一面帮父亲干活，一面继续顽强地读书自学。不久，他又身染伤寒，病势垂危。他在床上躺了半年，病痊愈后，却留下了终身的残疾——左腿的关节变形，瘸了。当时，他只有 19 岁。青年华罗庚就是这样顽强地和命运抗争。白天，他拖着病腿，忍着关节剧烈的疼痛，拄着拐杖一颠一颠地干活；晚上，他在油灯下坚持自学到深夜。经过不懈的努力，他的论文《苏家驹之代数的五次方程式解法不能成立的理由》被清华大学数学系主任熊庆来教授发现，华罗庚因而被聘为大学教师。他 25 岁时，已是蜚声国际的青年学者了。

每一个成功的人都是坚持梦想的人。成功就是坚持，是简单地重复。如果在遇到困难和挫折时，首先想到的是放弃努力，那就不可能在事业上取得成功。集中精力做自己最重要的事，不要左顾右盼，无论在什么时候，让自己专注，让自己坚持都是最重要的。

为理想而奋斗的过程是艰苦的，其中会饱受挫折，会遇到意想不到的麻烦，但请不要为这些苦恼。为理想而奋斗，靠的是勇气和毅力，坚定的信念是不可缺少的条件。

心灵悄悄话
XIN LING QIAO QIAO HUA >>>

没有梦想的人生是没有意义的人生；没有梦想，就没有一切！但如何将自己的梦想实现呢？靠的就是：坚持、再坚持，永不放弃。

成功后的坚持更为重要

世上大部分的人都是不成功的,但是在不成功的生活中人们却孕育着希望,所以,人们才有追求,才有梦想。成功的人同样有着新的追求与探索,他们习惯于将现在定位为下一次成功的起点。

有人去买警犬,香港的要 10 万元,而德国的要 100 万元。到底有什么区别呢? 买主拿了一包海洛因给它们闻,然后藏起来。两条警犬同时被放出,它们同时找出了海洛因。"10 万元和 100 万元也差不多嘛。"买主说。但卖警犬的人提议再试一次。同样是藏海洛因,但这次在路上出现了一条母狗。两条警犬被放出后,同样直奔海洛因所在地。区别出来了:香港警犬开始注意母狗,越跑越慢,并且与母狗亲热起来了;而德国警犬置若罔闻,狂奔至终点。所以,10 万与 100 万还是有本质区别的,即目标明确后,能否经受住各种诱惑。能够经受各种诱惑,始终如一地朝着目标进发,才能真正完成任务;若老是受到各种干扰,完成任务的时间、质量就要大打折扣。

成功是一门需要长时间专注的学问,不光需要严格缜密的计划,还需要有一定的理念,需要打持久战——在成功之后更成功才不是梦。

一切皆有可能,不过要目标明确,要经得起各种诱惑,心无旁骛。不管是办企业,还是做生意,哪怕只是存钱,在确定目标后,比的就是耐力、毅力,看谁能坚持住,坚持到极限,谁就能成功。

世界上没有什么能够代替坚持,一切意志的较量都是坚持的较量。

坚持作为一种精神力量，需要人们正确地去挖掘、开发、利用。选择对的，坚持有意义的，才符合社会需要，有利于自我价值的实现。

人生在世，事业为重，一息尚存，绝不松劲。东风得势，时代更新，趁此机，奋勇前进。曹操有诗：老骥伏枥，志在千里；烈士暮年，壮心不已。要取得成功，必须保持积极进取的心态，对远景充满信心，保持乐观向上的人生态度。俗话说，态度决定一切。没有积极进取的心态，总是一味地被动应付，一味地随波逐流，当然不会取得异于常人的成功，因为如果别人都是这么做的，你也是如此，那么，你又怎么会比别人多一分成功的机会呢？

坚持是成功的第一品质。但只有你真切地经历过后，你才知道这种经验是用什么换来的，那是用无数次的自我挣扎、无数次的自我激励、无数次咬紧牙关的痛苦换来的。每个人都有在困难关头坚忍不拔、超越自我的潜力。坚持不懈的人才是真正的强者，是最后的成功者。

心灵悄悄话
XIN LING QIAO QIAO HUA >>>

人要有挑战自我的精神，面对困难不妥协，要有韧劲！无论工作中还是生活上，都要永远充满进取精神，积极开拓，勇往直前，这样你的成功就又增添了一个砝码。

民族的强盛更需要坚持

"坚持"这一论题,对于大家并不陌生,或者说作为一种理念,它并不深奥,连小孩子都知道"朝于斯,夕于斯""家虽贫,学不辍"的道理;但作为一种行为,坚持则是最可贵的境界,也是最重要的学问,因为世上的事难就难在持之以恒地付诸行动。正如古人所说,"人之学也,或失则多,或失则寡,或失则易,或失则止",其中,"止"是最容易发生的,最终会前功尽弃,一事无成。所以说,世上最宝贵的精神是坚持,而世上最难做到的也是坚持。

无论一个企业,还是一个人,能将一个正确的选择坚持到底,那就是一种境界;能将一种好的习惯坚持下去,能将一种优势坚持下去,那就会永远立于不败之地。

民族英雄岳飞生逢乱世,自幼家贫,在乡邻的资助下,拜陕西名师周桐习武学艺。其间,他目睹山河破碎,百姓流离失所,萌发了学艺报国的志向。他克服了骄傲自满的情绪,不论寒暑冬夏,苦练不辍,在名师周桐的悉心指导下,终于练成了岳家枪,并率领王贵、汤显等伙伴,加入抗金救国的爱国洪流中。

作为国家的官员,一切须以国家为重,有损于国家者刻不能忍,有损于国家权利者应以死相争,不畏强暴。历史上苟杀其身而有益于国家者,必趋死而无畏,中华民族,从来都不缺少爱国的勇敢者,他们爱自己的国家,忠于职责,坚守岗位,将国家的利益、民族的大义视作高于生命,当使命不能完成、国家遇到危难的时候,宁肯牺牲自己生命,来挽救国家的命运。今天,改革开放新时代,中国面临着前所未有的机遇和挑战,这样的

爱国者更是数不胜数，比如，下面所写的当代著名教育家张楚廷。

张楚廷，当代著名教育家，数学教授，教育学教授，博士生导师，原湖南师范大学校长，现任湖南涉外经济学院校长。

张楚廷在中学读书期间，常常站在晴川阁上，看汉水与长江汇合时的汹涌澎湃；常站在龟山上，看大江东去，遐想无限。"这就是我的祖国，这就是人民江山，这就是中华大地。"辽阔的大地走进他的胸中，使他的心胸变得宽阔，什么东西都可装下去了。

张楚廷在四十余年的教育实践之中，不懈地思索，不懈地写作，终成为一位著名的学者。他累计承担过国家和省部级课题20余项，每一项均如期完成；至今，出版学术著作80余部，发表论文410多篇；被评为湖南省优秀社会科学家；还获得日本创价大学最高荣誉奖。

当下中国的经济正处于一个转型和洗牌的阶段，这是任何公民和企业都有可能创造商业奇迹的时代。但奇迹的创造需要有一个过程，这个过程中最需要的就是一种坚持的精神。不管你是大学毕业生还是退伍军人，是进城的农民还是下岗工人，是专家学者还是商贾艺人；不管你是蓝领还是白领，是外企还是国企，是中原还是岭南……在这样一个竞争激烈的时代，要想成为赢家，要做一个成功者，你就需要做多方面的努力，这些努力包括能力的培养、素质的提高、进取意识的强化及人际关系的拓展等等，但这一切都缺少不了一个基本的前提，那就是坚持。

心灵悄悄话
XIN LING QIAO QIAO HUA >>>

坚持是一切成功的前提。一个人要想走向辉煌的人生，需要坚持；一个企业要想基业长青，需要坚持；一个民族要想立于不败之地，更需要坚持。

第七篇 >>>

持之以恒，直面挑战

　　著名诗人里尔克曾说："有何胜利可言，坚持便是一切。"生活中渴望成功的人很多，真正成功的人却很少。对于失败者来说他们并不是没有机会，他们缺乏的往往是成功最需要的坚持。为了成功，你必须顽强地站着，坚持着，只要坚持便能拥有一切。挺过生命的低谷期，挺过走投无路的艰难期，才能看到未来世界的无限精彩。

　　古今成大事者，不唯有超世之才，亦有坚韧不拔之志。充分发挥人的主观能动性，昂首挺胸，笑对生活。坚持，成就了你的人生。

坚持就是等待

等待，一个多么美好的词语，它蕴含着对未来的希望。每个人都有等待，有的人等待长大，等待成熟；有的人等待恢复健康；有的人在等待某个结果；有的人在等待成功的到来。

等待是一门学问，如果我们没有学会等待成功，那么，我们也许会和眼前的成功失之交臂；如果我们不知道成功还需要等待，我们也许会心浮气躁，留下功亏一篑的遗憾。智者往往都懂得等待成功，所谓五湖明月在，渔歌会有时！如果你是一潭明净的湖水，那鱼儿迟早会游来伴你；如果你是一片明净的蓝天，那雄鹰迟早会向你飞去！只要我们心地澄明，只要我们唯善为宝，只要我们努力加上等待，成功其实离我们不会多么遥远。

人生就像走钢丝，刚开始总要经历一些挫折，在经历了无数次的尝试后才能学会驾轻就熟的本领，一切自然就会平顺。所以，要尝试，不断地尝试！你没有失败，只是还没有成功而已，你也终会成功！生活中少不了的就是等待，在某种程度上，正因为有了等待，才会欣赏到美丽的风景呢。

在"影响2006 CCTV 年度新闻图片"的获奖作品中，有一幅题为《青藏铁路为野生动物开辟生命通道》的作品特别引人注目：一列火车飞驰在青藏铁路大桥上，底下有一群藏羚羊横穿而过，前后排成一条纵队，与头顶上呼啸而来的火车形成直角，极佳的拍摄角度给人强烈的视觉冲击。

在颁奖典礼，听到主持人与作者刘为强的一段对话，对观众的触动很大。

主持人问他："你看这张照片,在海拔四五千米的无人区,你和火车、藏羚羊,出现在同一个时间和空间的概率有多大?"他回答说:"用摄影的语言说这是一个瞬间,很短很短,因为藏羚羊生性特别胆小,即使人离得很远的情况下,它早已跑掉了。我拍这张照片的时候,在前面挖了一个掩体,我潜在掩体中,上面再盖上东西,所以藏羚羊才能有幸从对面冲到我的镜头跟前。实际上藏羚羊经过的时候大约也就是几秒钟,但是我在掩体中等了8天8夜!"

主持人又问:"当你等到第7天的时候,怎么知道第8天藏羚羊一定会来? 如果第8天还不来,第10天还不来,你怎么办?"此时,我们听到他不假思索地说道:"我还会等下去。实际上我也知道,就是等到第8天,甚至等到第18天也不一定能等到这个瞬间,但是作为一个记者,我就应该坚守在那儿。就是为一个美好的瞬间我也会等……"

这让我们看到了等待的价值。我们都渴望成功,也都在为成功不懈地努力着。今天我想说的是,我们要学会等待成功! 拿破仑说:"世上绝无不热烈地追求成功而能获得成功的道理。"成功确实需要人们去努力,可以说努力是成功的不二法则,也因此,成功不是一蹴而就的事情,唯有在等待之后才能开出成功的花朵。

42岁的翟志刚入选宇航员队伍已经10年,两次入选"神五""神六"梯队,两次与"飞天"失之交臂。2005年"神五"飞天前,成为备选宇航员的翟志刚,一直将杨利伟送到"神五"舱口,一直微笑着向人群挥手。翟志刚在"神六"发射前再次成为热门人选,同样可惜的是,他再次失之交臂。

但是,他没有放弃,一直乐观而坚定地努力着,等待实现飞天梦想。2008年9月27日16时45分17秒,翟志刚在太空迈出第一步,中国人的第一次太空行走开始了。翟志刚曾这样坦然表白:"如果'神七'还是擦肩而过,我还是要继续努力。"因为他准备了足够的耐心去等待成功,而

不想用足够的耐心去面对一辈子的失败。

耐心等待成功，说起来容易做起来难。

拿破仑说弱者等待机会，强者创造机会。我们需要足够的耐心来等待成功，但不是一直无所事事地什么也不做，而是乐观坚定地努力着，实现我们的梦想。我们不想去面对一辈子的失败，就要从现在起，从此刻起，努力准备着在未来光彩夺目。

成功的方式多种多样，就有一种成功需要等待。等待不仅仅是一种行为，它在某种程度上也可以说是一种素质，一种品格。

有人说过："在成功的人身上，我们发现他失去了自身的许多东西。"任何人都不会轻而易举地成功，阳光总在风雨后……这些话只是说明了成功的一个方面——不懈的努力，其实，成功还有另一方面——机会。机会不是你想让它来它就会来的，需要你去等待。

要想获得成功，耐心是必要条件之一。要是没有足够的耐心，不去乐观坚定地努力着，那么就会与成功擦肩而过，只能去面对一生的失败。

心灵悄悄话
XIN LING QIAO QIAO HUA >>>

每个人都应该耐心追逐成功，你会因此而品尝到成功的果实。成功就是简单的事情重复做，只要持之以恒地坚持下去，成功迟早会光顾你。

没有永久的不幸

一位名人说过："没有永久的幸福,也没有永久的不幸。"厄运虽然令人忧愁、令人不快,但厄运也有它的致命弱点,那就是它不会持久存在。当你遭受不幸的打击时,一定要相信,幸福很快就会来临。

有这样一个女人,她已经35岁了,本来过着平静、舒适的中产阶层家庭生活。但是,有一天,她突然遭遇了厄运的打击:丈夫在一次事故中丧生,留下2个小孩。没过多久,一个女儿被烤面包的油脂烫伤了脸,医生告诉她孩子脸上的伤疤终生难消,女人为此伤透了心。为了补贴家用,她在一家商店找了份工作,可没过多久,这家商店就关门倒闭了。万般无奈之下,他想到了丈夫给她留下的一份小额保险,但是她耽误了最后一次保费的续交期,因此保险公司拒绝支付保费。

在遭到这一连串不幸事件后,女人近乎绝望。她左思右想,为了自救,她决定再做一次努力,尽力拿到保险补偿。在此之前,她一直与保险公司的下级员工打交道。当她想面见经理时,一位多管闲事的接待员告诉她经理出去了。她站在办公室门口无所适从,就在这时,接待员离开了办公桌。机会来了。她毫不犹豫地走进里面的办公室,结果,看见经理独自一人在那里。经理很有礼貌地问候了她,她受到了鼓励,沉着镇静地讲述了索赔时碰到的难题。经理派人取来她的档案,经过再三思索,决定以德为先,给予赔偿,虽然从法律上讲公司没有承担赔偿的义务,工作人员按照经理的决定为她办了赔偿手续。

但是,好运并没有到此中止。这位经理尚未结婚,他对这位年轻妇人

一见倾心。他给她打了电话，几星期后，他为她推荐了一位医生给她的女儿整容，脸上的伤疤被清除干净，经理又通过在一家大百货公司工作的朋友给她安排了一份工作。不久，经理向她求婚，几个月后，他们结为夫妻，而且婚姻生活相当美满。

这个故事很好地阐释了不幸的寿命，不幸不会长久，幸福随时都会来临。易卜生说："不因幸运而故步自封，不因厄运而一蹶不振。真正的强者，善于从顺境中找到阴影，从逆境中找到光亮，时时校准自己前进的目标。"就一定能渡过难关，成就生命的辉煌。

任何时候，都不要因厄运而气馁，厄运不会时时伴随你，阴云之后的阳光很快就会来临，不要轻易做沉淀的泥沙。

不管多么的曲折，绕过了多少障碍，最终都实现了它们生命的意义。作为现实生活中的我们，当遇到曲折时，不管是冲过去，还是绕过去，能够运用不同的方式去实现人生的意义，也便是成功。

有个泰国企业家，他把所有的积蓄和银行贷款全部投资在曼谷郊外一个备有高尔夫球场的 15 幢别墅里。但没想到，别墅刚刚盖好时，时运不济的他却遇上了亚洲金融风暴，别墅一间也没有卖出去，连贷款也无法还清。企业家只好眼睁睁地看着别墅被银行查封拍卖，甚至连自己安身的居所也被拿去抵押还债了。

情绪低落的企业家，完全失去斗志，他承受不起此番沉重打击。

有一天，吃早餐时，他觉得太太做的三明治味道非常不错，忽然，他灵光一闪，与其这样落魄下去，不如振作起来，从卖三明治重新开始。

当他向太太提议从头开始时，太太也非常支持，还建议丈夫要亲自到街上叫卖。企业家经过一番思索，终于下定决心行动。从此，在曼谷的街头，每天早上大家都会看见一个头戴小白帽，胸前挂着售货箱的小贩，沿街叫卖三明治。

"一个昔日的亿万富翁，今日沿街叫卖三明治"的消息，很快地传播

开来，购买三明治的人也越来越多。这些人中有的是出于好奇，也有的是因为同情，更多人是因为三明治的独特口味，慕名而来。

从此，三明治的生意越做越大，企业家很快地走出了人生困境。

他之所以能失而复得一个如此明媚的今天，是因为，在曾经的失败向他挑战现在和未来时，他没忘记先将身上的灰尘拍落，然后再轻轻松松地与之应战。

这个企业家叫施利华。几年来他以不屈不挠的奋斗精神，获得全国人民的尊重，后来更被评为"泰国十大杰出企业家"之首。

当我们面对自己的目标和遭受的曲折，更可能多的还是需要调整自己的心态，一次的失败或许就是一次的智慧的积累，或许也是一次成功的预演。不要更多的沉湎，只要好好地将自己心性都校对到新的水平，扬起你前进的风帆，让生命更精彩。

心灵悄悄话
XIN LING QIAO QIAO HUA >>>

不幸对于我们来说并不都是消极的一面，一次灾难也可以是一次契机，四面楚歌可能会让你在生活的极度艰难中找到了生存的另外一个突破口。

坚持是一种沉稳、一种容忍

朗费罗说："当你的希望一个个落空时，你也要坚定，要沉着！"

纪伯伦说："大智慧就是一种大涵养，有涵养的人才善于学习：从多话的人那里学到了静默，从褊狭的人那里学到了宽容，从残忍的人那里学到了仁爱。"

要做到乐观向上，首先要能"积极忍耐"，抱定心中目标，不纠缠于小恩小怨，不为一时之辱而耗散太多的精力。忍是一种眼光和度量，是深刻而有力量和雄才大略的表现；忍是一种修养、一种思想，是一种以守为攻的策略。《圣经》中所罗门王有一句名言："忍耐体现聪慧，宽厚才是光荣。"只要做到"有目的地忍耐"，我们就不会被消极打垮。心中期待最好的，这种忍耐就不会遥遥无期。

一个人如果沉稳，他给人的感觉就会是比较缜密、谨慎、专业。沉稳的人碰到事情出现逆转的情况时不会无计可施，失去斗志。

超凡的伟人，总有超凡的沉稳。沉稳是理智的抉择，是成熟的表现。沉稳能体现一种大胸襟、大气魄。要做大事，需纵观全局，不可纠缠在小事之中，摆脱不出。

康熙皇帝自8岁登基开始就一直受鳌拜的气。那个时候，鳌拜要杀大臣苏克萨哈，康熙皇帝坚决不允，鳌拜居然挥拳说："我说杀就杀！他非死不可！"就这样，苏克萨哈被绞杀了。康熙皇帝每天都在等待，同时励精图治，暗暗积蓄力量。一直等到16岁，他终于把鳌拜抓了起来。受这么多年的委屈却隐忍不发，一直到时机成熟才出手，这就叫作沉稳。

同处17世纪的另一个皇帝——崇祯皇帝朱由检则因不沉稳而成为明朝的末代皇帝。当时大将军袁崇焕打败了皇太极，皇太极就散布流言，说袁崇焕解决了金兵就要回北京去做皇帝。崇祯皇帝中了这个反间计，立刻将袁崇焕召回北京，随之将他处死。袁崇焕死后，再也没有人能把明朝的边疆捍卫好，也就间接导致了明朝灭亡于当时的东北少数民族满洲了。

沉稳的人碰到危机，不会惊慌失措；沉稳的人面临有人叛变或窝里反的情况，不会坐困愁城，一筹莫展；沉稳的人面对重要的事绝对不会草率行事。

孔子认为小事情不忍耐就会败坏大事情。17世纪，一个沉稳的康熙皇帝，一个急躁的崇祯帝，反差巨大。古人云："小不忍则乱大谋。"为人处世如果能够忍辱负重，那就是一种韬晦、涵养、胸襟宽广和目光远大的象征。

张耳和陈余是魏国的名士，泰国灭掉魏国后，张耳和陈余隐姓埋名来到了陈县，靠在街上给人看门为生。

有一天，当地一小吏责打陈余，陈余想起身反抗，张耳暗暗踩了他一脚向他暗示，使他接受了责打。等小吏走后，张耳把陈余拉到桑树下对他说："以前我是怎么对你说的？今天受到一点小羞辱就忍受不了，难道想要死在这个小吏手上吗？"陈余马上理解了张耳的良苦用心。没过多久，张耳和陈余就都做了公卿丞相。当初他们如果与小吏发生争执，那就有可能是完全不同的结果了。

一个人如果不经历浮沉磨砺，不潜心修炼，就很难做到大度宽容，刚柔相济，百折不挠。在人生的道路上不忘修心养性，不断加强自己的道德修养，就能养成"贫贱不能移、富贵不能淫、威武不能屈"的高尚气节，那就是贯穿上下五千年中华民族文明史的浩然正气。

国际象棋大师谢军曾讲过她参加两次大赛的不同经历。1996年在西班牙和匈牙利象棋大师波尔加进行卫冕战时，波尔加将比赛一拖再拖，让谢军非常心烦，当比赛最终定下来时，她已产生强烈的厌战情绪，结果输得惨重。到了1999年的世界冠军争夺战时，虽然波尔加无理取闹，加里亚莫娃又故意拖延比赛，但谢军接受了上次的教训，始终不为其所困扰，以静制动，不急不躁，结果这一仗打得非常漂亮，最终赢得了国际象棋女子世界冠军头衔。

谢军的经历给我们以启示：只有静心静思，沉着稳定，才能避免无谓的失败。这样的人在历史上还有很多。东汉的司马迁在他人眼中只不过一个废人，苟且偷生，但他内心澄净如水，抛开外界的干扰，他编撰的不朽之作《史记》才能流传千古；苏格拉底拖着矮小笨拙的身躯在雅典城里踽踽独行，但是他超越了自我，摒除他人的负面评价，成为世人仰慕的大哲人……人生之路需要我们自己把握，唯有沉稳坚持才能创出大的业绩。

坚持是对绝望的否定。人生永远不能绝望，当你身处困境时，你不能被眼前的不幸所吓倒。在困境中坚持，在不幸中奋起，相信生命中既不可能永远是黑暗，也不可能永远是冬天。站在生命的冬天里，坚定信心去期待春天；走在生命的黑夜里，去抓住信念，呼唤生命的黎明。隐忍地坚持着，倔强地抗争着，困境就一定会被你征服。

心灵悄悄话
XIN LING QIAO QIAO HUA >>>

一个人无论在什么时候，总要在精神上不断鼓励自己。什么事情都是可能的，要想走向人生的新境界，就必须首先从坚持做起。

厚积而薄发,时间能说明一切

"博观而约取,厚积而薄发。"此乃巴蜀大文豪苏轼求学做人的基本观点,即广博地学习知识而有所辨别;经过长时间有准备的积累即将大有可为,施展作为。

2007 年上海车展,奇瑞推出了 26 款展品,展出面积达 2200 平方米。这是中国汽车自主品牌在历届国际 A 级车展中参展规模最大的一次。从 2006 年北京车展的 16 款展品,到 2007 年上海车展的 26 款车型,短短五个月时间内,"速度奇瑞"再次生动地展现在国人面前。

然而,这只是奇瑞十年发展历程的一个缩影。销售数据显示,2007年奇瑞实现了"六个第一":"单月整体销售量第一""企业整体出口第一""微轿销量第一""中级车 A5 出口第一""SUV 市场单月销量第一""三个品牌销量过万,奇瑞的品牌实力第一"。上海车展直观地展示了奇瑞十年以来积累的成果,以及奇瑞未来的发展方向。

奇瑞汽车股份有限公司成立于 1997 年。2001 年奇瑞推出了第一款奇瑞风云轿车;2002 年奇瑞又推出旗云、QQ、东方之子三款车型;到 2007年奇瑞已经形成了涵盖轿车、SUV、MPV 的三大车系,包括 QQ5、QQ6、旗云、东方之子、A5、V5、瑞虎七大车型的产品线,奇瑞产品线分布更加合理、完善,奇瑞公司已经成为我国上市产品最多、产品系列最全的乘用车企业之一。

十年的韬光养晦造就了奇瑞的厚积薄发,经过了十年一点一滴的积

累,奇瑞从一个默默无闻的"草根"汽车企业,发展成为可以与合资品牌比肩的主流汽车企业,而2007年上海车展正是奇瑞十年积累的成果的综合展示。

君子厚积而薄发,没有平时的深厚积累和艰苦磨炼,没有屡败屡试的痛苦历练,就享受不到成功的喜悦、胜利的欢呼。

人生就是这样,需要在选择的过程中,有所经历、有所付出、有所积累。这样的人才能在生活的细节中体现出浑厚感,如同雪融汇流,虽平静但却深沉,没有奔腾咆哮的急涨,没有怒发冲冠的悍然,却有慢条斯理、缓然释放之状的静水流深。

古代书法家王羲之,将一池水染黑了才成就自己的书法;数学家陈景润,学习到晚上半夜无人时才摘得数学宝塔上的明珠;著名科学家爱迪生,换了一千多种材料做实验最后才找到合适的灯丝;音乐家贝多芬,经过不懈的努力才获得巨大的成功。

"厚积薄发"不能急功近利,"厚积薄发"也倡导人们不要甘于平庸,虚度人生,应该积极进取,创造人生辉煌。一个人心性浮躁,贪图眼前利益,就不可能在事业和生活上获得成功。

心灵悄悄话
XIN LING QIAO QIAO HUA >>>

成功贵在坚持。相信自己的能力,想好今天要做什么、明天该做什么,努力把每件事做好,才能够取得成功。

耐心等待成功,耐心面对失败

坚持就要有耐心。荀子说:"不积跬步,无以至千里;不积小流,无以成江河。"任何事情,都有一个从量变到质变的过程,只有当数量的积累达到一定程度,才能引起质变。成功也要有一个过程,只有当你付出的辛劳、汗水、智慧达到一定程度后,才有望成功。想一蹴而就,是不可能的,生活不是速度竞赛。只要你脚踏实地一步一个脚印地前进,没有哪条路是走不到尽头的。

一位排名世界第一的保险推销员,即将告别他的推销生涯。应行业协会和社会各界的邀请,他将在这个城市最大的体育馆做告别职业生涯的演说。

会场座无虚席,人们在热切地、焦急地等待着这位当代最伟大的推销员做精彩的演讲。终于,大幕徐徐拉开,舞台的正中吊着一个巨大的铁球。推销员在人们热烈的掌声中,走了出来,站在铁球的一边。他穿着一件红色运动服,脚下是一双白胶鞋。

人们惊奇地望着他,不知道他要做出什么举动。这时两位工作人员抬着一个大铁锤,放到他的面前。推销员对观众讲道:"请两位身体强壮的人,到台上来。"好多年轻人站起来,转眼间已有两名动作快的跑到台上。

推销员请他们用这个大铁锤去敲打那个吊着的铁球,直到把它荡起来。

一个年轻人抢着拿起铁锤,拉开架势,抢起大锤,全力向那吊着的铁

球砸去，但伴随一声震耳的响声，那吊球却动也没动。他用大铁锤接二连三地砸向吊球，很快他就气喘吁吁。另一个人也不示弱，接过大铁锤把吊球打得叮当响，可是铁球仍旧一动不动。

台下逐渐没了呐喊声，观众好像认定那是没用的，就等着推销员做出什么解释。

会场恢复了平静，推销员从上衣口袋里掏出一个小锤，用小锤对着铁球"咚"地敲了一下，他停顿了一下，再一次用小锤"咚"地敲了一下。人们奇怪地看着，推销员就那样"咚"地敲一下，然后停顿一下，就这样持续地做。

10分钟过去了，20分钟过去了，会场早已开始骚动，有的人干脆叫骂起来，人们用各种声音和动作发泄着他们的不满。推销员仍然一小锤一停地做着，他好像根本没有听见人们在喊叫什么。人们开始愤然离去，会场上出现了大片大片的空缺。留下来的人们好像也喊累了，会场渐渐地安静下来。

大概在推销员进行到40分钟的时候，坐在前面的一个妇女突然尖叫一声："球动了！"刹那间会场鸦雀无声，人们聚精会神地看着那个铁球。那球以很小的摆度动了起来，不仔细看很难察觉。推销员仍旧一小锤一小锤地敲着，人们好像都听到了那小锤敲打吊球的声响。吊球在推销员一锤一锤地敲打下越荡越高，"呼呼"作响，它的巨大威力强烈地震撼着在场的每一个人。终于场上爆发出一阵阵热烈的掌声，在掌声中，推销员转过身来，慢慢地把那把小锤揣进兜里。

推销员开口讲话了，他只说："在成功的道路上，如果你没有耐心去等待成功的到来，那么，你只好用一生的耐心去面对失败。"

这个故事写在这里，分享给大家，旨在期勉你也以这种持续的毅力每天进步一点点。比尔·盖茨很成功，他曾经说过："一次次的失败并不能把我打退，失败给了我力量。"我们都有构筑完美人生的能力，每个人都应该知道成功的秘密，那就是坚持的力量。

金耀基教授所著的《剑桥语丝》,讲述了许多充满人间温暖与尊严的故事。

剑桥人对所有地位显赫的"剑桥之子"固然会用各种方式表达出感念和爱戴,就是对在世俗眼中普通得不能再普通,却对剑桥做出过贡献的人也同样肃然起敬:

一位负责大学打字室工作的少女,在这样平凡的岗位上一干就是50多年,兢兢业业,任劳任怨,把美丽和青春化作打字机上的一个个单调的字符,敲出了生命的星光,成为剑桥有史以来第一位获得荣誉博士学位的女性。

一位石匠,默默无闻,把一生的心血融化到剑桥宏伟建筑的石块中,让生命的坚毅变成永恒,剑桥人感念他,授予了他同样高的荣誉。

一位旧书商在剑桥大学内经营书店,为剑桥学子提供了无数精神的食粮,40年风雨无阻,直到生命的时钟走到了最后一刻。剑桥人感念他,破例以剑桥大学出版社的名义为他出了纪念文集。

人生的道路是曲折迂回的,有时候是平坦的康庄大道,有时候是崎岖的羊肠小径。越是曲折的人生越有意义,因为困难险阻正是考验人生的利器。剑桥何以能是剑桥?因为它能从生命的平凡中见出不平凡来,它能把生命的平凡硬是锻造成不平凡。

心灵悄悄话
XIN LING QIAO QIAO HUA >>>

失败与成功并不重要,重要的是你如何看待它。人生的过程正是我们战胜失败的过程。笑迎失败,走向成功,这才是我们应有的生活态度。

屡战屡败与屡败屡战

据说，屡战屡败与屡败屡战来源于一个经典的奏章。

清朝末年，曾国藩与太平军作战时总打败仗，有一次向咸丰皇帝乞求增援，上的折子中有一句是"臣军屡战屡北（败）"。师爷马家鼎看了后，提意见说，"屡战屡北（败）"词意颓唐，不妨易为"屡北（败）屡战"。朝廷看到奏章后，认为曾国藩虽然连遭失败，但仍坚持战斗，其忠心可嘉，不仅没有严议，反而予以重用。

一字之差，意思截然相反。将"屡战屡败"改为"屡败屡战"，不仅仅只是一种词序上的简单颠倒，而且反映了对待失败的两种截然相反的人生态度。前者反映的是心灰意冷、意志消沉的悲观情绪，而后者反映的则是一种毫不气馁、百折不挠的顽强意志。

从《动物世界》节目里曾看到过这样一个片段：一只狼在草丛中埋伏了几天，却连一只羊也抓不到。但这只狼面对失败、从未退缩、屈服，它甚至没有一点沮丧。它要做的只是默默地承受失败，忍受饥饿，然后从失败的行动中总结经验教训，以便在下一次捕猎时避免重蹈覆辙。最终它获得了自己所需的猎物。

狼的经历告诉我们：人生的道路不可能是一帆风顺的，总会遇到各种坎坷，一个人成功还是失败，关键在于遇到困难、遭受挫折和失败后所持

的态度,在于是否经得起失败的考验。失败如不配上坚强的意志和一贯的恒心,它就只能是"失败",不会孕育出成功来。

在激烈竞争中,有人靠自己的智慧和能力率先获得了成功,也有人因种种失误经受着失败的痛苦。但成功和失败对于一个人来说总是在变化着的。面对的究竟是失败还是成功,就看是否能像狼那样把握自己。

在香港的赛马场上有一匹叫作"春丽"的赛马,它在过去一共参加了113场比赛,结果输了113场。不过尽管如此,还是有许多市民争先恐后地购买门票,观看"春丽"的比赛。为什么这一匹从未有过"辉煌战绩"、屡战屡败的赛马,还能吸引众多市民的观赛热情呢?就是因为"春丽"那种屡败屡战的精神感染和鼓动了每一个人。

面对众多失败和别人的嘲笑时要有一种坦然的心境。在一次又一次的失败打击下依然能够巍然不倒,是一种意志力的体现,是在面对无数次打击时屈服与奋进的正确抉择。

人生的成功秘诀之一就在于如何面对失败。生活中许多人往往只能领受成功的欢欣,享受收获的喜悦,而不能接受失败的现实,承受失败的打击。殊不知,面对失败、苦恼和沮丧只会使自己在消沉的泥沼里越陷越深,难以冲出自设的牢笼。我们常说允许失败,而不允许停步,这话是有道理的。人生之路漫长而坎坷,我们不能因一次失败而失意,也不能因两次失败而失志,更不能因三次失败而彻底放弃、躺倒不干。要明白,一次失败不要紧,多次失败亦无关紧要,要紧的是不被失败击垮,失败了,但绝不是失败者。因为失败只是对奋斗过程中某一环节的努力的评价,而失败者却是对一个人一生的论断。前者使人觉得有希望,后者却只给人带来失望与消沉。因此,一个人屡战屡败并不表示他就是个失败者;一个人能够屡败屡战,就表示他并未失败!只要一个人的斗志还在,他就不是一个失败者。

人生不怕屡战屡败,只怕没有上战场的勇气。屡败屡战是一种不轻

言放弃的孜孜追求，是忘我的奋斗。对付屡战屡败的最佳方法，就是屡败屡战。我们应从"屡败屡战"中得到启示，自觉克服"屡战屡败"的消极心理，在困难面前不低头，在逆境之中不动摇，在艰险面前不退缩，在失败面前不气馁，以坚定的信心、顽强的意志和刚韧的毅力，勇往直前，百折不挠，披荆斩棘，攻关夺隘，直到取得最后的胜利和成功。

心灵悄悄话
XIN LING QIAO QIAO HUA >>>

失败和成功好比乐曲中两个不同的音符，人生如歌，不可能永远失败，也不会总是成功，失败常常是成功过程中必不可少的一道工序。

把小事坚持做到底就是赢家

　　成就大事固然离不开坚持，点滴小事也需要坚持。长跑、练书法、打扫房间、早起念英语，看起来都是小事一桩，不做关系也不大，但若你试着督促自己天天去做，日积月累，你得到的就可能是健康的身体、漂亮的字迹、整洁的环境、地道的英语口语。天天坚持一点点，收获会让你欣喜不已。坚持是成功前的一种状态。

　　如果一个人想做大事，那么他首先必须能把小事做得很好很认真。一屋不扫，何以扫天下？把一件小事做好很容易，把一千件一万件小事做好就不简单了。

　　如果一个人无法做大事——正如我们所知道的，大部分人都是平凡人——那么我们的人生要想有意义有价值，就必须做好每一件小事。如果大事做不来，小事又做不好，那我们的人生不是毫无意义吗？

　　所以，无论你能否做大事，都要首先把小事做好。做生意不能只想赚大钱，看到小钱就不想赚，睡大觉去了。如果这样，能力再怎么强都不可能成功。不管店面多小，都是生意，只要抱着一心一意为顾客服务的精神，必定可以赢得顾客的欢心，生意蒸蒸日上。

　　工作中无小事，看似简单的事情，坚持下来就是成功。坚持小事要求人们必须具备一种锲而不舍的精神，一种坚持到底的信念，一种脚踏实地的务实态度，一种自动自发地责任心。懂得把握的人，总有一天会登上他自己心目中的顶峰。

　　2007 年好评如潮的电视剧《士兵突击》塑造了许三多这个人物形象，

使其成为 2007 年百度第一位的人物，成为超越李安、王朔等人的年度新锐人物，成为登上报纸、杂志封面最多的电视剧人物。那么，这个迟钝、木讷、一根筋、笨手笨脚……几乎拥有了所有"聪明人的世界"中不该出现的缺点的人物怎么会成功的？是因为一分耕耘一分收获，许三多脚踏实地地勤奋学习，才得到他想要得到的东西，实现目标，收获梦想。

在小事上能够体现出个人的素质和素养，如果都像许三多那样，抱着"吃亏是福"的心态，每做一件小事的时候，都像救命稻草一样抓着，把这些小事做得尽善尽美，说不定就会有意想不到的收获，正如许三多的连长所说："有一天我一看，好家伙，他抓着的已经是让我仰望的参天大树了。"

当你开始怀疑自己的能力、自信心有所动摇时，比比这个傻里傻气、被战友们称为"许木木"的人，你难道不该重新燃起自信吗？每个人的潜力都是无穷的，只要今天比昨天进步一点点，那就是成功！

正如成才教育许三多时说的那样："机会多稀缺，成功多不易，不进则退！"抓紧每一天、每一分、每一秒，好好珍惜，把握机会。所有的人都在全力以赴，一往无前，你如果不进步，别人就会把你抛下。

做好小事，还可以让我们养成优秀的习惯。很多人不明白，优秀的习惯从哪里来？其实就是从小事中来。比如，把字写好是小事，但如果坚持把每个字写好，我们就会收获"一手好笔法"的习惯。

做好小事，也可以帮助我们积累自信。自信的本质是成功的体验，体验积累得越多，人就越自信。相反，自卑的本质是失败的体验。因此，积累自信最重要的源泉就是做好每一件小事。把每一件小事做好做成功，我们就可以积累出强大的自信。

做好小事，可以打造人生最重要的品质。做好每一件小事，意味着认真投入、全力以赴，意味着坚韧不拔、持之以恒。认真和坚持，是做大事的最重要的品质。

做好小事，是我们走向成功的必由之路。大事是由小事有机组成的，

任何人的成功都是通过做好大量的小事来铺垫和积累的，量变的积累引起质变。

有的人急于实现目标，重结果轻过程，在经过一些努力后，发现目标依然遥远，就泄气甚至绝望，从而与成功无缘。能够获得成功的人，多是做事有条不紊、坚持不懈的人。人，贵有理想，更可贵的是能为理想坚持不懈地奋斗。老子说过："九层之台，起于垒土；千里之行，始于足下。"孔子也说："欲速，则不达；见小利，则大事不成。"因此，我们做事既要放眼长远，又要做好眼前的点点滴滴。

心灵悄悄话
XIN LING QIAO QIAO HUA >>>

凡事要坚持从小事做起，不要急于求成，不要被困难吓倒，要认真对待每一天，相信只要坚持做好一点一滴的事，距离成功的目标一定会越来越近。

在逆境中再坚持一会儿

坚持就要有吃苦的精神。俗话说:"吃得苦中苦,方为人上人。"人在年轻时,吃点苦,不仅能锻炼人的意志,而且能锤炼人的性格。吃苦耐劳是苦涩的,然而它的果实是甜蜜的。正如冰心说:"成功的花,人们只惊慕她现时的明艳,然而当初它的芽儿,浸透了奋斗的泪泉,洒遍了牺牲的血雨。"

我们会遇到各式各样的打击与阻力,哪怕只是一点小小的支持与鼓励,也会是一股强大的力量,但常常在需要这股力量的时候,却只是孤单一人。让我们学着自己给自己这样的力量与支持,哪怕全世界冷眼旁观,也请支撑下去。相信,守得云开见月明!

电话是贝尔发明的,但发明电话的大量工作却是由爱迪生等科学家完成的,贝尔所做的仅仅是将电话中的一个零件转动了4.1周。为此,双方走上法庭,法庭最后将电话的发明权判给了贝尔。法官说,虽然爱迪生等人做了大量的工作,但他们最终认为电话没有实用价值而放弃了,可贝尔没有放弃,他将螺母转动了4.1周,改变了电流强度,使电话有了实际用途,所以电话的发明权归贝尔。

爱迪生等科学家距离成功有多远? 仅仅是将一个零件转动4.1周的距离。成功与失败,往往只有一步之遥,许多伟大的成就都是坚持和等待的结晶。只要你能多坚持一会儿,胜利的希望就会增加一分。

许多成功者和失败者的唯一区别,往往在于多坚持一会儿,这一会

儿，有时是几年，有时是一天，有时仅仅是一个瞬间。

"行百里者半九十"，最后的那段路，往往是一道难越的门槛，因为在我们历尽艰辛、心力交瘁的时候，即使一个小小的变故或者障碍都有可能把我们击倒。这个时候，意志就显得至关重要了。

太阳每一天都是新的，停下来哭泣和幽怨是徒劳的，只有每一天都抖擞精神、重整旗鼓才能创造新的起点和希望。人生的第一要义在于活着，活着是一种逆水泛舟、百舸争流的状态，一日不进取就是倒退，唯有坚定方向掌握技巧不停地跑，才会向前再向前。就让时光、流水伴随那些不得不失去的东西一起后退吧，你追求的是永无止境的黄金，失去的终归是那些看得见的垃圾。要把哭泣的时间用来架起一座从失望到希望的桥；把驻足痛苦的时间用来采集化悲伤为快乐的甘霖；把挣扎于苦海的时间用来寻找启航的明灯。

不要埋怨生活的不公平，生活从你那里夺走了什么，一定会以另一种形式补偿给你。只有品尝了生活的酸甜苦辣，才算是读懂了生活。也正因为生活是不公平的，我们的生活才多姿多彩，有了更多追求，才会活得更加有劲！

俗话说："恒心筑起通天路。"成功的希望就在坚持与放弃这一念之间。也许有时候成功就站在不远的前方，我们需要做的是一次又一次地坚持，一步又一步地前进。当放弃的意志袭上心头时，我们应该坚决地对自己说："再坚持一会儿。"

一个拳手说："在受到对手猛烈重击的情况下，倒下是一种解脱，或者说是一种诱惑。每当这时候，我就在心里对自己叫喊：挺住，再坚持一下，再坚持一下！因为只有我不倒下，才有取胜的可能。"

德迈斯特说过：成功的秘密在于知道怎样等待。没有播种就没有收获，必须耐心地、满怀希望地长时间等待，才能尝到最甜的果子。东方也有一句格言用来形容成功的漫长过程："时间和耐心能把桑叶变成云霞般美丽。"再坚持一会儿，可能就是另外一番风景了。

人生中的一切都可以用来乐观地享受，包括失去，包括孤独，包括艰

难，包括人生追求的全过程。人生这本书只有在失去后才能读出真正的味道。如果仅将失去看作痛苦，就会感觉自己从来没有拥有过幸福，你的世界将永远是一片黑暗。只有享受人生所有的过程才能看到人生的五彩缤纷。

过去已经成为历史，成也好，败也好，都不是人生永恒的定局。奋斗是永无止境的，你最紧要的，莫过于尽快正视现实，适应环境，在生活磨练中成才立业。

心灵悄悄话
XIN LING QIAO QIAO HUA >>>

别问个人命运为何如此多变，历经艰难磨炼出来的生存精神确实是你一生取之不尽、用之不竭的财富。

笑到最后的才是真正的赢家

贾柯·瑞斯说:"当一切毫无希望时,我看着切石工人在他的石头上,敲击了上百次,而不见任何裂痕出现。但在第一百零一次时,石头被劈成两半。我体会到,并非那一击,而是前面的敲打使它裂开。"

笑到最后,这是一种心态,一种宽容。阳光总在风雨后,自古以来成气候者不拘小节,成大事者不惧挫折。

苏秦在游说秦王失败后,受到家人和乡人的耻笑。于是他暗下狠心,立志向,并"引锥刺股",奋力攻读,最终实现了自己的理想,在游说赵王时大获成功,提出的合纵策略也被六国广泛认可,成了一位伟大的政治家!

每个人都希望自己有常胜不败的处世心态,但这种心态并非与生俱来的,需要战胜自我,培养独立能力,学会观察与思考。每个人都有致命的弱点,所谓智者,就是要能够研究、掌握并恰到好处地去利用他人的这些弱点,为自己铺设一条成功之路。我们生存于现世,就是要在战胜自我的基础上战胜别人,经商者掏出顾客的腰包,从政者得到拥护,心想者得以事成,都得笑对人生的残局,坚持与命运对弈下去。

人若以命运来划分,大致可以分为两种:一种开始就走运;一种开始就倒霉。台湾残疾画家谢坤山就属于后一种,他似乎生来就和好运无缘,倒霉了一次又一次。

由于家境贫寒,谢坤山很早就辍了学。不过,生活贫困也使他早熟,很小就懂得父母的劳苦与艰辛。从12岁起,他就到工地上打工,用他那

稚嫩的肩头支撑着这个家。然而命运偏偏不垂青于这个懂事的孩子，总将灾难一次次降临到他的头上。16 岁那年，他因误触高压电，失去了双臂和一条腿；25 岁时，一场意外事故，又使他失去了一只眼睛。

面对接踵而来的打击，谢坤山没有沉沦。他带着一身残疾上路，独自一人，与命运展开了一场博弈。谢坤山一边忙于打工，挣钱糊口；一边忙于公益，救助社会。后来，他渐渐地迷上了绘画，想重新给自己灰色的世界着色。

起初，谢坤山对绘画一无所知，他就去艺术学校旁听，学习绘画技巧。没有手，他就用嘴作画，先用牙齿咬住画笔，再用舌头搅动，嘴角时常渗出鲜血。少条腿，他就"金鸡独立"作画，通常一站就是几个小时。

谢坤山勤奋作画，到处举办画展，作品也不断地在绘画大赛中获奖。他不仅赢得了事业，成为很有名的画家，同时也赢得了社会的尊重。

其实生活就是一盘棋，而与你对弈的是命运。即便命运在棋盘上占尽了优势，即使你剩下只有一炮的残局，你也不要推盘认输，而要笑着面对，坚持与命运对弈下去，因为生活往往就在坚持中转机，没准接下来就能打它一个"闷宫"！

清朝大才子纪晓岚才华过人，然而，伴君如伴虎，仕途多艰难，他也曾受到很大的挫折。44 岁那年，两淮盐运史卢见曾因盐政亏空而获罪，朝廷要查抄家产。纪晓岚因与卢家是儿女亲家，所以，巧妙地将消息透露给卢家，事后，被政敌和珅告发，革职查办，谪戍新疆乌鲁木齐，远离京都。但他并没有因此而沉沦，而是静候时机，终于在三年后放还归朝堂。

纪晓岚一生四十余年仕宦生涯，历雍正、乾隆、嘉庆三朝，其间的艰难险阻只有他自己最清楚。他曾给自己写过一首词，曰："浮沉宦海如鸥鸟。"这就是他一生真实的写照。正是：风云吞吐寻常事，笑到最后是赢家。

一个人曾经跌倒过,这并不重要,重要的是他有勇气站起来,尽管以后可能还会跌倒。张艺谋执导的电影《一个都不能少》的女主角魏敏芝在考北影中失败了,还遭受到网民的无情讥讽,但是她并没有因此而放弃考"西影"的机会,最后她凭着信念与勇气成功了,接着一系列的机会找上了她,她得以出国留学,并最终如愿以偿当上了导演。如果魏敏芝当初因为考北影失败而沉沦,不再有那份再接再厉的勇气,那么她肯定不会像现在这样走得这么远。山峰只属于敢于攀登、不怕跌倒的人,只要有勇气面对跌倒,就会有征服山峰的机会。

美国历史上与华盛顿齐名的最伟大的总统之一亚伯拉罕·林肯,一生中布满了一长串"失败"的清单:在 1831 年至 1860 年之间,他生意失败、爱人逝世、精神曾经一度崩溃,竞选州长、州议员、国会议员、参议员多次失败。就这样,他失败了,爬起来,再失败,就再爬起来,终究战胜了命运,闯过了生命的黑暗,将生命之舟划向了辉煌的彼岸,在他 51 岁那年竞选总统成功。

信念很重要,对自己能力的信任、对困难的正确认知,让你努力的行为可以开始和坚持! 有些人天资颇高却成就平凡,他们好比有大本钱而没有做出大生意;也有些人天资并不特异而成就斐然可观,他们好比拿小本钱而做大生意,这中间的差别就在能不能坚持到最后了。

心灵悄悄话
XIN LING QIAO QIAO HUA >>>

千百次的失败与挫折,更加证明你是一个强者,是一个历尽挫折而始终阔步向前的行者,是一个历经千辛万苦始终昂首的前行者。

第八篇 >>>

坚持原则，肯定自己

　　做人没有原则，就如同风筝失去了丝线的牵引，会失去平衡，能否谨守做人的原则，将决定你的人生能否取得成功。恪守做人原则的人，行为有节制，办事有策略，说话有尺度，交往有分寸，这样的人是最受欢迎和尊重的人，他们成为普通人的楷模，他们能成就别人不能成就的奇迹，他们往往会成为时代的精英。

　　一个没有原则和没有意志的人就像一艘没有舵和罗盘的船一般，他会随着风的变化而随时改变自己的方向。

真正的成功者必定坚持原则

一个没有坚定信仰的人，做事就会缺少原则。格力电器股份有限公司总裁董明珠能够十几年如一日地坚守自己的原则，就是因为她有一个单纯的信念、坚定的信仰。风风雨雨十几年，她一直坚持诚信做人，按原则做事。就是这两条看似简简单单的标准，使她成就了格力的强大，也使格力成就了她的辉煌。

一个坚守自己的信念和原则的人，往往能达到别人所达不到的高度。星巴克的创始人霍华德·舒尔茨就是这样的一个人。

星巴克从 1985 年以 40 万美元种子资金起步；1992 年 6 月经过四轮私募投资后登陆纳斯达克，融资 2900 万美元；从此年均销售额增长 20%，利润增长 30% 以上，股价上涨超过 50 倍，原始投资获利数百倍……

"听从自己的心灵，即使遭人讥笑也无所顾忌。"舒尔茨是个有独特价值观和行为准则的"怪人"，他的主张是："不要害怕与传统智慧抵牾。"

"真正的成功者必定坚持原则。"善于说"不"的舒尔茨把咖啡店变成了影响全球的商业地产、文化阵地，多年的股市回报甚至超过了微软、IBM，他还想让星巴克成为"世界上最知名、最受尊敬的品牌"。

在执掌星巴克的二十年里，舒尔茨先后拒绝了若干人习以为常而又难以抵御的诱惑。他对某些"常识"说"不"，并反其道而行之，哪怕是"绕远路"也在所不惜。

"公司不必失去激情和个性也可以做强做大。"舒尔茨的成功对传统行业的企业家是个鼓励：在工作中安安静静地身体力行，坚持原则，拒绝诱惑，小作坊也能变成风行全球的大生意。谁说只有玩高科技的才能赢？

信仰是人类的最高组织力，是高度智慧的结果。只有真正具有坚定信仰的人，才能够为之贡献自己的一切，包括青春、健康、生活甚至生命。对于社会责任的担当，董明珠从来都是不遗余力，她认为人活着就要为社会做出点贡献。一个企业，更不应该单单为了赚钱而存在，企业也应该在赚钱的基础上负起其应有的社会责任。

比较一下，无论是做事风格还是追求的目标，董明珠和舒尔茨是不是有相似之处？他们都是能够坚守自己的原则，而且不容易被利益诱惑的人。而且，他们的目标也非常相似：让自己的产品成为世界上最知名、最受尊敬的品牌。

做人不能没有原则。做人没有原则，就如同风筝失去了丝线的牵引，会失去平衡，最终只能坠入泥泞的深潭；做人没有原则，就如同船没有了锚的制约，不能停歇去享受港湾的温暖，终将被海浪吞噬。"原则"是为人的根本，是成事的天梯。许多人认为原则就是些生硬的道理，只会限制人身和思想的自由，让人感觉拘束。其实不然，做人的原则是极富于人性化的，它是几千年来人类思想的结晶，它是对你有利的，懂得了做人的原则，你将走上成功的捷径。

心灵悄悄话
XIN LING QIAO QIAO HUA >>>

能否谨守做人的原则，将决定你的人生能否取得成功。只有坚持做人的原则，你才能够说话有尺度，交往有分寸，办事讲策略，行为有节制。

坚持原则等于制定标准

原则是说话或行事所依据的法则或标准，是做某件事或解决某个问题时的禁止性规定。

人生在世，就要做事。如何做事？孔子倡导"事思敬"，即做事要敬业，要严肃，要认真。荀子指出做事要"心不使焉"，甚至做到"白黑在前而目不见，雷鼓在侧而耳不闻"。

在纽约的一座公寓里住着一位叫西蒙的孤单老人，他记性不好，出门经常忘记带钥匙，走在大街上也时常忘记回家的路。但他有个做人的原则，对帮助过他的人必须表达了谢意才安心。有一次，西蒙在邻居的陪同下去了一次医院。第二天邻居有事去了加州，而西蒙此时想起没有向邻居道谢，于是他发了一封特快专递，偌大的一张纸上只有两个字——"谢谢"。邻居回来后对他说，不必用特快专递的形式来表达谢意。他却十分认真地说："什么都可以忘，唯独对帮助过我的人表达谢意不能忘，这是我做人的原则。"

从这件小事中可以感受到：人生最不能丢的东西，就是原则和做人的底线。守住原则和底线，这是做人的一种境界，是生活对人的一种磨炼。

梦工厂董事长王阳在《王阳感悟》中写道："人要放弃自己做人的原则是很容易的，而要坚持自己的原则和理想，则步步维艰。但正因为你能坚持得住，才能让困难和痛苦淘汰与你有同样目标的人，你才能最后享受到登上巅峰的快乐。"

英国哲人杜曼说："如果你热爱自己所从事的工作，哪怕工作时间再长再累，你都不觉得是在工作，相反像是在做游戏。"

美国伟大哲人爱默生说："每个从事自己无限热爱的工作的人，都可以获得成功。"

几位老人到新加坡旅游。在花芭山观景时，一位游客拿出一根中华烟递给导游，导游微笑着谢绝了，随后，他拿出自己的烟抽起来，他抽的烟是十元一包的"万宝路"，明显比中华烟档次低。事后导游解释说："我知道中华烟在中国是很高档的香烟，但政府有规定，导游不能接受游客任何东西，哪怕是一根香烟。如果我不遵守这个规定，我就对不起国徽，这是我做人的底线。"

虽然每个人的生活环境不同、文化层次不同，因而所追求的目标和理想也不尽相同，但是在内心深处，每个人都会有自己不同程度的做人原则。做人的原则应该是多方面的，比如说对待学习、生活、工作等，每个人都会有自己的原则，也就是说有个做人做事的底线，会有所为有所不为，懂得哪些事应该努力去做好，哪些事可以做，而哪些事是绝对不能做的。

心灵悄悄话
XIN LING QIAO QIAO HUA >>>

没有原则的人是干不成大事的，无论个人还是团队，信念和原则都是最后的底线。一旦突破这条底线，英才就会变成庸才，优秀的团队就会变成失败的团队。

"和"并不意味着没有原则

"和"即和谐、团结、融洽的意思。作为孔子的得意弟子之一，子贡把"和"这一思想贯彻到了他的经商过程中，即"以仁为本，以和为贵"。儒家追求"和"的理想已经渗透到了人们生活的方方面面，社会和谐、家庭和睦、性情和顺、纠纷的和解与和好、协作中要和衷共济、国家之间要和平相处等，都是儒家文化的"和"在社会生活各个层面的目标与追求。由此可见，"和"是何等的重要，只有"天时"和"地利"不见得就能取胜，"人和"才是最关键的因素。

张之洞任湖北总督时，抚军谭继洵特地在黄鹤楼设宴为他接风庆贺，并请了鄂东诸县的县官作陪。

席间，张、谭二人为长江究竟有多宽而争执起来。谭说五里三，张说七里三。二人互不相让，争得面红耳赤。

于是张、谭二人命江夏知县陈树屏作答。

陈略作思考，认为这是个非原则问题，为了以和为贵，便朗声答道："水涨七里三，水落五里三，二位说得都对。"张、谭二人大笑，赏了陈树屏二十锭大银。

读完这个故事，深有感慨：一个无关政事的非原则性问题，为何要争得面红耳赤，互不相让呢？其主要原因是怕在众人面前丢了面子。在争执不下的情况下，只有请第三者来解答。而陈是个聪明人，为了顾全二位的面子，避免为些小事情伤了和气，便心生一计，巧妙作答，起到了调和作

用,同时二人都不得罪。其实,他也无法准确地回答出长江到底有多宽,只是随机应变而已。这种智慧有利团结,受人称赞。

和谐与和平都基于一个"和"字。和谐是和平之上的一种更高、更美的境地,包括人与自然的和谐、人与人的和谐,以及个体的人的自身和谐。

"君子和而不同"一语出自《论语》,意思是:君子可以与他周围的人保持和谐融洽的关系,但他对待任何事情都必须经过自己的独立思考,从不愿人云亦云,盲目附和。"和而不同"显示出孔子思想的深刻哲理和高度智慧。这个朴素的至理名言,不仅仅是提倡和谐的主张,而且更体现了一种真正的宽容,一种自觉、主动的行为。"和而不同"是一种智慧,是处理人与自然、人与人关系的重要法则,对于推动和谐世界、和谐社会都有积极意义。

有道是"天时不如地利,地利不如人和"。人与人之间的和谐是最基本的,核心是以人为本,以仁爱之心处理一切人际关系。小至个人、家庭、社区、村寨,大至国家、民族社会,都是由有思想、有意识的人组成的,有不同的意愿、不同的利益、不同的生活方式,因此彼此和谐相处必须有"游戏规则",有行为规范和道德标准,不允许以个人目的而损害公众利益。中国有句老话:"没有规矩不成方圆。"这是人们在生活中总结出来的一个非常实用的道理:做任何事都要有原则,懂规矩,守规矩。

一条河流,不管是长江、黄河,还是淮河,都需要有堤岸,因为如果没有堤岸,那么河水将泛滥,人民将遭殃,于是我们给它筑起堤坝,这样河流可以在堤坝的规范下,自由流动,而不会给人类社会造成危害。没有这个原则即堤坝,那么河流就不成其为河流了,水就肆意泛滥了。

做人也要像河流一样,要有堤坝,即要有自己做人的原则。如果一味地为了追求"和"而放弃自己的原则,与世浮沉,盲目趋同,终将一无所成。

中国历来不缺少有气节的人。从饿死不食周粟的伯夷,到大节不亏的苏武;从宁可被斩首洛阳东市也不为司马氏王朝所用的嵇康,到不为五斗米折腰、拳拳事乡里小人的陶潜;从掷去纱帽不为官的郑燮,到横眉冷

对千夫指的鲁迅；还有方志敏、朱自清、梅兰芳……这些中华民族的"脊梁"们高唱的就是一曲至大至刚的浩然正气歌。而所谓的"有浩气""讲气节"，就是坚持原则。人，不能没有原则，原则性的东西是不能让步的，不存在讨价还价的余地，即使可能会因此得罪一部分人，也要坚持。

社会需要变通，不变则不通，不变通则不和谐。然而，在一定条件下，能够变通的只是非原则性问题，原则性问题是不能变通的，否则就会乱套。当然，如果条件变化了，原则性问题成了非原则性问题，变通也是无妨的。

心灵悄悄话
XIN LING QIAO QIAO HUA >>>

谦和是一种美德，但谦和并不是指无原则的妥协和退让。有原则的人，会受到人们发自内心的敬仰。

拿主见难，坚持主见更难

人无论做什么事情，都要有自己的主观思路，自己的主观思路要始终起着引领作用。对于别人的意见或者建议，可以听取，但是采纳与否，要根据事物的整体发展情况进行判断后再选择，不可盲目地听从他人的指挥，也不能一口否决他人的善意。自己的路要自己选择自己走，因为只有自己对自己最清楚，对自己所做的事最了解，别人只是根据他的主观思路去建议你、去指导你如何做。每个人都要有自己的观点，别人说的不一定对，你想的不一定错。自己的信念如果是正确的，一定要坚持，不能因为别人反对而动摇。

一群学者向苏格拉底请教："怎样才能坚持真理？"苏格拉底用手拿着一个苹果，慢慢地从每一个学者的身旁走过，一边走一边说："请集中精力，注意嗅空气中的气味。"

然后，他回到讲台上，把苹果举起来左右晃了晃，问："哪位闻到了苹果的气味？"

有一位学者举手回答说："我闻到了，是香味。"

苏格拉底再次走下讲台，举着苹果，慢慢地从每一个学者的座位旁边走过，边走边叮嘱："请大家务必集中精力，再仔细嗅一嗅苹果。"这一次，除了一位学者外，其他学者都举起了手。

那位没有举手的学者看到了，也慌忙举起了手。

苏格拉底脸上的笑容消失了，他举起苹果缓缓地说："非常遗憾，这是一个假苹果，什么气味也没有。"

主见是什么？主见是你自己的判断与决定。失去主见，是不自信的表现，是意志力不坚定的表现。主见在人生过程中扮演着至关重要的角色，它结合了你的兴趣与理想，决定了你人生前进的方向。做人做事不能没有决断。拿主见难，坚持主见更难，盲目自信是固执，偏听偏信是糊涂。正确主见都是事物本质的反映，坚持主见就是坚持真理，就是坚持胜利，而真理总是被少数人发现，而被多数人所认同的。做人不能没有主见，有主见，才会有思想，有思想才会有思路，有思路才会有发展，有发展，人的一生才会充满成就。坚持自己正确的想法，不受外在因素的干扰，才能实现自己的目标和理想。

每一个人从小要养成这样的习惯，要学会自己选择，有自己独立的见解，不能因别人与自己意见不一致而左右摇摆不定，到最后一事无成。养成良好的习惯，才能成为一个有作为的人。

爷爷带着孙子，赶着一头驴驮东西到集市上去卖。东西卖完了，两人开始往回走。路上，爷爷把孙子抱到驴背上坐好，自己牵着驴走。这时，路上便有人责备孙子："这孩子真不懂事，小小年纪怎么能让老人在地上走呢？"

孙子听了路人的责备，觉得自己不对，就立即从驴背上下来，让爷爷骑到驴背上去了。这时，又有人责备爷爷："这老头真不通情理，一个大人，怎么忍心让一个孩子在地上走路？"

爷爷听了觉得有理，于是便把孙子也抱到驴背上来，两个人一起骑驴走路。没想到，路上又有人说话了："两个人都坐在驴背上，驴子能不被压坏了？真是太残忍了！"

听了这些话，祖孙俩都觉得再没有别的办法了，只好都从驴背上跳下来。路上的人见了，开始笑话他们："真是呆子，放着现有的驴不骑，却走在地上受累！"

最后，爷爷感到左右为难，便对孙子说："我们只剩下一个办法了，我

们俩抬着驴子走吧!

　　这个故事告诉我们,不要听人家的闲话,一定要自己拿定主意,这样生活才会更惬意。一个没有主见的人,必定会被他人所摆布。没有主见的人永远不能往前冲,做人做事不能只听别人的意见,否则到最后只能一事无成,一无所获。

　　坚持自己正确的想法,不要因为别人的一句话,而改变自己原本正确的做法,有的时候学得大度一点,不要因为别人的一句话而哭鼻子,心情低落;当然,有的时候别人合理的建议也要适当采纳。做一个有主见的人,学会区分什么是对的,什么是错的,什么是该做的,什么是不该做的,这样你会更加出色! 只要你相信自己,成功就属于你,不要因他人的一句话,就改变自己的主意。

心灵悄悄话
XIN LING QIAO QIAO HUA >>>

　　凡事要以原则为准绳,原先计划好的事情可能会随着某些意外因素的发生而有或多或少的改变,但是宗旨是不变的,变的只是处事方式和方法。

大事坚持原则，小事学会变通

　　每个人在自己的生活和工作的道路上都会遇到很多需要自己选择的事情，但是相信每个人在每件事的处理上都有自己的底线，这个底线决不可以越过，这就是"大事坚持原则"；但是在事情处理的过程中，可能会出现一些小变故，处理的方式也会随之变化，但是不会影响整体，这就是"小事学会变通"。

　　在大事上坚持原则，这是一种认真负责的态度。可是如果不知道变通，那就是较真了。"认真"和"较真"一字之差，内涵却大大不同。

　　首先，无论做什么事情，都要有自己的主观思路。无论事情发展到什么地步，自己的主观思路要始终起着引领作用。如果自己的主观思路出现偏差或者错误，则在把握整体方向的前提下，进行适当的修改与调整。对于别人的意见或者建议，可以听取，但是采纳与否，要根据事物的整体发展情况进行判断后再选择，不可盲目地听从他人的指挥。

　　不能完全否定原则，但也不能完全否定变通，两者应该保持动态平衡。把握灵活变通与严守规定的不同适用范围，避免过度变通与僵化规定的不良影响。

　　汉武帝登基后，政治上一直沿袭前人之术，建树不大，一度成为"文景之治"之后的低谷。一次，董仲舒和他谈及为政必须改革创新的问题。董氏认为，政治上墨守成规，再圣明的君王也不可能有所作为，"当变化而不变化，虽有大贤而不能善治也"。于是，汉武帝听取他的意见实行了新政，从而汉朝兴起了长达近半个世纪的繁荣景象。

原则不是墨守成规，一味守旧会造成难以弥补的伤害。正如《周易》中所说："穷则变，变则通。"一般说来，灵活变通适用于处理有机事物之间的相互关系，与直观体验的认知模式相适应，对于处理变化多端的情况有明显的效用。灵活变通意味着没有固定的程式可言，对具体情况进行具体研究，随机应变。而与此形式相对的是严守规定，它适用于处理无机事物之间的相互关系，与逻辑分析的认知模式相适应，对于处理相对稳定的情况有明显的效用。强调严格规定性的目的在于使人们遵循固定的程式，注重一般模式和普遍原则。

只有坚持在大事上决不让步，在小事中给予适当调整，才能使自己在工作或生活中得到快乐。毕竟人生追求的最终目标就是快乐，在快乐的基础上把事情做得更好，不是一件双赢的事情吗？

心灵悄悄话
XIN LING QIAO QIAO HUA >>>

原则是人生航程的指向标，为你指明方向，原则是一个人的灵魂，原则的丧失就等同于灵魂的灰飞烟灭，坚持原则，就是坚守自己的灵魂！但"穷则变，变则通"，在小事上要懂得随机应变，灵活处理。

从小处着手，才能成大事

张瑞敏说："把每一件简单的事做好就是不简单，把每一件平凡的事做好就是不平凡。"

成也细节，败也细节，认真做好每个细节，成功就会不期而至。有做小事的精神，才能产生做大事的气魄。中国古语说："不积跬步，无以至千里；不积小流，难以成江河。"许多事情看似微小，没有什么价值，但不去做好就会错失机会。眼光必然要高远，但做起事来可不能眼高手低了。

做人做事就是在细微的地方也不可粗心大意、有所疏漏。老子说过："天下难事，必做于易；天下大事，必作于细。"一个铁钉微乎其微，但它可能使一匹马的马蹄铁掌松动，铁掌松动就可能使一匹战马摔倒，一匹战马摔倒就可能使一个士兵丧命，一个士兵丧命就可能使一个军队失败，一个军队失败就可能使一个国家灭亡。

亚历山大大帝的父亲腓力二世，本是一位雄才大略的君主，不料正当他统率马其顿大军策马东征之际，突然被一个亲近侍卫刺杀身亡。原来这个侍卫与他的一个特宠而骄的妃子发生了争执，侍卫就向他诉苦申告，可是他当时正忙于接待各国贵宾，对一个小小的侍卫无心理睬，随意申斥几句就不理了。侍卫气愤难消，竟拿起佩剑当场把他刺死。

成功者未必都做大事，一个人的成就是平时点滴积累而致。意志、品德、待人，无不从小处体现，有时，一个人事业的失败，往往就在于一些不为人所注意的小节上，"千里之堤，毁于蚁穴"。

成败兴衰之间，有些事情，当时看似无关紧要，后来却牵动了大局。有些事因其微小，人们常常自觉不自觉地忽视了它们。有时人们因时间、精力有限而顾不上微节，更有人因急功近利、好高骛远而对细节不屑一顾。

春秋战国时期，郑国公在一次大宴群臣之际，用美味的羊肉汤犒劳有功之臣，但他却疏忽了一个小小的细节：偏偏遗漏了国之重臣——自己的亲兄弟兼首辅大臣，忘记将羊肉汤赏赐于他。谁知，他的亲兄弟为这桩小事耿耿于怀，不久，竟联合朝中大臣，夺取兵权，发动了宫廷政变，亲手砍下了郑国公的头颅，篡夺了帝位取而代之。可怜郑国公死到临头也不知晓原来是那碗羊肉汤给自己带来了灭顶之灾。

成就任何伟大的事业，都需要聚沙成塔，离不开细节的积累。注重细节，久而久之形成习惯，一定会给你带来巨大的收益。如果你能执着地把手头的小事做到完美的境界，你就会成为一个了不起的人。

如今，大而化之、马马虎虎的毛病随处可见，"差不多""大概是""估计"这些词语常常被挂在嘴边，许多人想做大事，而不愿意或者不屑于做好小事。在工作中，愿意把小事做好的员工最终会脱颖而出。我们不缺乏雄才伟略的战略家，缺少的是精益求精的行动者，因此，我们必须改变心浮气躁、浅尝辄止的毛病，提倡一丝不苟、注重细节的作风，把大事做细，把小事做好。一心渴望伟大，伟大却了无踪影；甘于平淡，认真做好每一件小事，伟大便会不期而至。

正如托尔斯泰所说："一个人的价值不是以数量而是以他的深度来衡量的，成功者的共同特点就是能做小事情，能够抓住生活中的一些细节。"一句话，做好小事，才能成就大事！

细节是一根小小的铁钉，当你忽视它时，它也会忽视你，最终可能使你付出更大的代价；若是你重视它，它也会帮助你，为你铺垫成功之路。如果你认为只有宏图大业才算是真正的大事，而那些鸡毛蒜皮的事情根

本不值得关注，那么，很可能将有一大堆小事给你带来一连串麻烦。要想在残酷的社会竞争中立于不败之地，就必须警惕那些容易招致失败的细枝末节。

古人云："不积小流无以成江海，不积跬步无以至千里。"说的就是要想成就大事必须从小事做起的道理。在工作中关注小事，反映的是一种忠于职守、尽职尽责、认真负责、一丝不苟、善始善终的职业道德和精神修养，其中也糅合了使命感和道德责任感。把每一件小事、每一个细节做到完美，这样，我们才有机会铸就自己的辉煌。

心灵悄悄话
XIN LING QIAO QIAO HUA >>>

每天遇到的问题、事务可谓千头万绪，我们要调节好自己的情绪，防微杜渐，从小处着手，实现自我价值。从大处彰显自己的责任感和意识感，塑造属于我们的辉煌成就！

坚持自己的信仰

温塞特说:"信仰坚定的人是一刻也不会迷失方向的,他的灵魂将冲破炼狱的烈焰,直奔天堂极乐世界。"

信仰是一个人或一个团队做什么和不做什么的根本准则和态度。信仰属于信念,是信念的一部分,但信仰不是一般的信念,而是信念最集中最高的表现形式。

一份耕耘,一份收获。人生没有来世,也没有世外桃源,有的只是现实生活,要创造幸福生活,就要靠坚定的信仰来改变命运。

从玛丽昂·歌迪亚手中接过小金人,54 岁的英国演技派明星凯特·温斯莱特如愿以偿地加冕奥斯卡影后,获得最佳女演员奖,这是在绝大多数人意料之中的结果,也再次说明了能狠得下心把自己往丑里扮、往老里扮的美女,通常容易得到学院奖的认可。

温斯莱特是个神奇的女演员,她只拍能打动她的电影。在主演了《泰坦尼克号》后,一条金光闪闪的好莱坞顶级明星大路已经铺到她的脚下,然而她居然转身离去。她意识到自己真正想当的是一名演员,而不是所谓的超级明星。她并没有借着罗斯这个角色走红下去,而是自己挑剔着剧本,非常耐得住寂寞地只选取自己喜欢的本子,哪怕越来越文艺、越来越小众。这个不走寻常路的女演员,用了 14 年,获得 6 个奥斯卡提名,并终于问鼎影后宝座。

在《生死朗读》中,温斯莱特饰演一个曾做过纳粹集中营看守的电车售票员汉娜,她与比她小 20 岁的少年迈克之间发生了一段情感。法庭上

的那场戏：汉娜被判终身监禁，法庭上骚动起来，迈克泪流满面，这时镜头很巧妙地让汉娜向后看去，四目仿佛相对，却并未对视，温斯莱特的表演传达出仿佛看到了却又没看到的无限唏嘘。在《生死朗读》中，温斯莱特绝对不是美女，可是，她的侧面——皱着眉头焦虑与忧伤并存的侧面，很美，具有雕塑一样的质感。那样的焦虑和忧伤，绝对是从温斯莱特灵魂里散发出来的。

"坚持自己的个性！"这是温斯莱特主演的另一部影片《革命之路》里的台词，温斯莱特一定感同身受。

"路漫漫其修远兮，吾将上下而求索。"正是凭借着对工作的执著与热爱，人们实践着对信仰的真正诠释。也正因为坚持了这种精神、这一信仰，所以我们一路凯歌，在前进的道路上不断收获着一份份沉甸甸的希望。

如果是正确的，就要义无反顾地去做，决不能为旁人言语所左右，这样一直走下去，成功就在前方。坚持信仰的路上，你可能身处逆境，你也可能因个性的坚持而遭受众多的热嘲冷讽，但请坚持下来，你会因坚持自我而得的实效感到骄傲。坚持自我，才能在生命的某一刻开出灿烂之花！

心灵悄悄话
XIN LING QIAO QIAO HUA >>>

　　一个有信仰的人，会为信仰调动自身的一切力量，集中到既定的目标上，其能力、素质都会得到充实和提高，从而推动整个集体或整个团队的迅速发展，成为一支不可战胜的力量。

做人必须学会忍耐

忍耐与坚持简直是我们一生中最重要的品质，人生唯一的运气就是不停地努力。不要想着以后会如何发达，把眼前的事情做好，每天如此，就能不停地为自己创造比别人好的机会和运气。你自己先站稳了站踏实了，你才会胜出。

忍耐不是逆来顺受，不是甘心屈服于权贵。时间的车轮会载着你的忍耐走得更远，最终走向成功，隐痛必将消失。黎明前总是最黑暗的，不经历风雨怎能够见彩虹！忍耐不是消极颓废，而是在沉默中坚定自己的信念，在失望中找到希望，在失败后总结教训，在成功时总结经验。

从古到今，多少名人志士、社会名流，都忍耐过别人所不能忍的奇耻大辱。韩信若不忍受胯下之辱，怎么能有日后的飞黄腾达；司马迁若不忍受宫刑之苦，怎么能有《史记》千古流芳……所以要学会忍耐。不会忍耐的人将一事无成！

德川家康之所以能忍人之所不能忍，完全在于他的心态与智谋。在逆境面前，他保持着清醒的头脑；在强敌面前，他保持着昂扬的斗志；在大好的形势下，家康也能心态平和。而织田信长和丰臣秀吉的共同失误，都是自以为是、妄自尊大。信长随意谴责下属，残暴地屠杀反抗的百姓，激起天下众愤；而秀吉则刚统一天下就发兵侵略外国，劳民伤财，最终丢盔弃甲。家康无时无刻不在完善着自己，他学到了信长的果断，学到了秀吉的策略，当他败给武田信玄时，也领悟到了武田战法的精髓：其疾如风，侵掠如火，不动如山，难知如阴，动如雷震。这就是战场上用兵的神级。

"小不忍则乱大谋"，家康的"大谋"始于他的"小忍"，而其智慧，就在于能审时度势，在特定的形势下做出准确的判断与明智的抉择。这样，才能在忍耐之下蓄势以待时机。所以柏杨先生将德川家康成功的因素归结为"无比的谋略，无情的忍耐"。

北宋大儒程颐说：愤欲忍与不忍，便见有德无德。忍耐是意志的磨炼、思想的提高、能量的积蓄，是无声的奋斗。我们要学会忍耐，学会在忍耐中不断地追求，在忍耐中更深刻地感悟人生。

孔子说：小不忍则乱大谋。当你受到命运摆布的时候，必须学会忍耐。因为忍耐才会使你站得更高，望得更远，使你有更大的抱负，取得更大的成功！让所有的痛苦都在忍耐中淡化，所有的眼泪都在忍耐中化作轻烟，你就会笑对人生。

苏轼说：君子之所取者远，则必有所待；所就者大，则必有所忍。能不能忍也是衡量一个人修养的标尺。

忍耐，不是忍气吞声，不是痛苦地"忍受"，而是"继续做下去"。前者意味着无可奈何地承受自身的痛苦，后者则表示不屈服于种种障碍，继续不停地向着自己的目标奋斗，更多的是一种宽容和大度。这是一种强大无比的韧劲，真正的"忍"绝不是无原则的退让、放弃、委曲求全，而是对人宽容，对己克制和约束，以及更深远地考量与权衡。有人说："一个人的能耐，就是能够忍耐。"这话从一个侧面说明了忍耐对于成功的重要性。一个人纵有满腹才华，但如果不懂得忍，那他往往就容易冲动，从而与成功失之交臂。

人生恰恰像马拉松赛跑一样，只有坚持到最后的人，才能称为胜利者。从古至今，能够隐忍的人通常都能功成名就，甚至流芳百世，取得常人难以成就的功业。可以说，忍耐是欲成大事者必须修炼的高超境界和不凡品质。没有忍耐，你可能无法坚持寒窗苦读，难以掌握充足的学识；没有忍耐，你就无法面对困境，难以磨砺身心；没有忍耐，你就无法赢得积弱成强的时间；没有忍耐，你就无法认清自己，更无法认清局势；没有忍

耐,你就不能很好地构筑人脉……忍耐能帮助你提高个人修养和品德,使你更好地适应社会的变化,使你灵活处事,圆润做人,永远立于不败之地。

几多磨难,几多险阻,几多失望……几乎每个人在人生之中,都要受到命运的捉弄。我们要成就自己的未来,走出精彩的人生,就得忍受命运的捉弄,成功,是长久的忍耐后,经过勤奋的劳动而取得的。

心灵悄悄话
XIN LING QIAO QIAO HUA >>>

忍耐是一种理性而睿智的人生智慧——忍耐不是沉沦,而是等待,是审时度势,是对大势的清醒认识,是奋起前的沉默,是由弱到强、克敌制胜的最佳战略。